Zu diesem Buch Der Mensch der Gegenwart ist von Metallen abhängig – und für ihn ist es selbstverständlich, daß sie zu seiner Verfügung stehen. Für die Menschen, die vor 12 000 Jahren lebten, bedeuteten bestimmte Rohmetalle lediglich Schmuck oder Ausgangsmaterial für Kunstgegenstände. Wenn man bedenkt, daß ein in der Steinzeit vor 10 000 Jahren gefertigtes Messer aus Obsidian mindestens so scharf ist wie ein vorzüglich geschliffenes Stahlmesser, so begreift man, daß der mögliche Nutzen des Metalls erst viele Jahrhunderte nach seiner Entdeckung langsam bekannt wurde.

Metalle wurden nicht entdeckt, weil in der Steinzeit jemand ein besseres Werkzeug haben wollte; dieser Ansatz führte nur zu besseren Steinen oder zu sinnreicher geformten Stöcken. Neue Bearbeitungsmethoden für Metall entstanden fast immer bei der Herstellung von Kunstgegenständen.

Diese Entwicklung wird in dem vorliegenden Buch am Beispiel der wichtigsten Metalle Kupfer, Bronze, Eisen, Gold und Silber geschildert.

Der Autor Percy Knauth war viele Jahre Autor und Redakteur bei TIME-LIFE und ist jetzt freier Schriftsteller.

Umschlagfoto © Steiermärkisches Landesmuseum Johanneum, Foto Furböck. Der 35 cm lange Kultwagen aus Bronze wurde in einem Grab in Österreich gefunden und stammt etwa aus dem 7. Jahrhundert v. Chr. Die einzelnen Teile wurden in Formen gegossen und dann angenietet und angelötet.

Die Frühzeit des Menschen

Die Entdeckung des Metalls

von Percy Knauth
und der Redaktion
der TIME-LIFE-Bücher

rororo
Rowohlt

Titel der Originalausgabe: The Metalsmiths
Aus dem Englischen übertragen von Jürgen Abel
Für die Taschenbuchausgabe eingerichtet und bearbeitet
von Jürgen Volbeding
Layout Hermann Knauel
Umschlagentwurf Werner Rebhuhn

Veröffentlicht im September 1977 mit freundlicher Genehmigung
TIME-LIFE-Books, Time Inc., New York

Original English language edition published by Time Inc.
in the United States
Deutsche Taschenbuchausgabe:
Rowohlt Taschenbuch Verlag GmbH, Reinbek bei Hamburg
Satz: Clausen & Bosse, Leck/Schleswig
Druck: Mühlmeister & Johler, Hamburg
Umschlagdruck und buchbinderische Verarbeitung:
Clausen & Bosse, Leck/Schleswig
Printed in Germany
880-ISBN 3 499 18072 3

Inhaltsverzeichnis

Einführung

Metallschmiede nahmen in vielen Gesellschaftsordnungen von Anfang an einen eigenartigen Platz ein. Manchmal wurde der Schmied hoch geachtet, manchmal gering – und das aus offensichtlichen Gründen. Er arbeitet schwer, und er war schmutzig; der Rauch und die Hitze des Feuers schwärzten sein Gesicht und versengten seine Kleidung. Die Dinge, die er herstellte, waren dagegen nützlich und schön, und außerdem besaß er die offenbar göttliche Fähigkeit, die eigentliche Natur der Substanz zu ändern. Er konnte stumpfes Gestein in blitzendes Metall verwandeln und sein Material ganz nach Wunsch flüssig oder fest, starr oder geschmeidig machen. In sehr alten Zeiten galten solche Veränderungen als Ausdruck von Kräften, die dem Material selbst innewohnten und nicht selten geistiger Natur waren.

All das machte Metalle faszinierend und geheimnisvoll. Die griechischen Philosophen fragten sich, was mit dem Metall geschehe, während es von den Schmieden erhitzt werde, und konzipierten so ihre Idee vom Atomismus. Andere, weniger an Philosophie interessierte Menschen waren damit zufrieden, die Metalle einfach zu bewundern und zu benutzen, und durch diese Benutzung förderten sie das, was man Zivilisation nennt. Zuerst formten sie die Metalle, um Geräte herzustellen, die bereits bekannt waren; später erfanden sie neue Geräte – Werkzeuge für den Bauern, Töpfe für den Koch, Waffen für den Krieger, Schmuck für die Hofdame.

Die Wirkungen, die von diesen Materialien und ihren Vorteilen ausgingen, waren weitgreifend. Man hat die Rolle der Technik in der menschlichen Entwicklung jedoch durchweg vernachlässigt, und der Grund dafür ist nicht schwer zu finden: Die Zeugnisse der technischen Leistungen des Menschen sind nicht niedergeschrieben worden, sondern verbergen sich gewöhnlich in Objekten, und weil man derartige Zeugnisse nicht leicht als solche erkennen kann, blieben sie nicht immer erhalten. Die Geschichte der Metallkunde muß großenteils mit Daten rekonstruiert werden, die Laboratorien über Zusammensetzung und Mikrostruktur von Fundstücken gewinnen. Richtig interpretiert, können die Analysen den Archäologen Aufschluß darüber geben, wie und woraus ein Fundstück gemacht wurde. Weil diese Untersuchungen aber in Labors durchgeführt werden, wissen nur wenige Leute, daß auch solche Arbeiten archäologische Forschungen darstellen, und es gibt noch weniger Menschen, die ihre Terminologie kennen.

Ich lernte diese Sprache als Industriemetallurge, als ich aus reiner Liebhaberei anfing, mich mit der Geschichte meines Berufs zu beschäftigen. Ich stellte bald fest, daß die frühesten Zeugnisse trotz der viele Jahrhunderte alten Geschichte nicht in Büchern, sondern nur in Museen zu finden sind – in Form von Kunstgegenständen.

Cyril Stanley Smith
Massachusetts Institute of Technology

Bronze war die erste Legierung, die in größeren Mengen von Menschen hergestellt wurde. Die älteste nachweisbare Bronzeart bestand aus Kupfer und Arsen. Am Anfang benutzte man wahrscheinlich zwei arsenreiche Erze, Domeykit und Algodonit. Als man entdeckte, daß die Kombination von Kupfer und einem Zinnerz wie Kassiterit eine härtere Bronze mit besseren Gußeigenschaften ergab, wurde Arsen bald durch Zinn ersetzt.

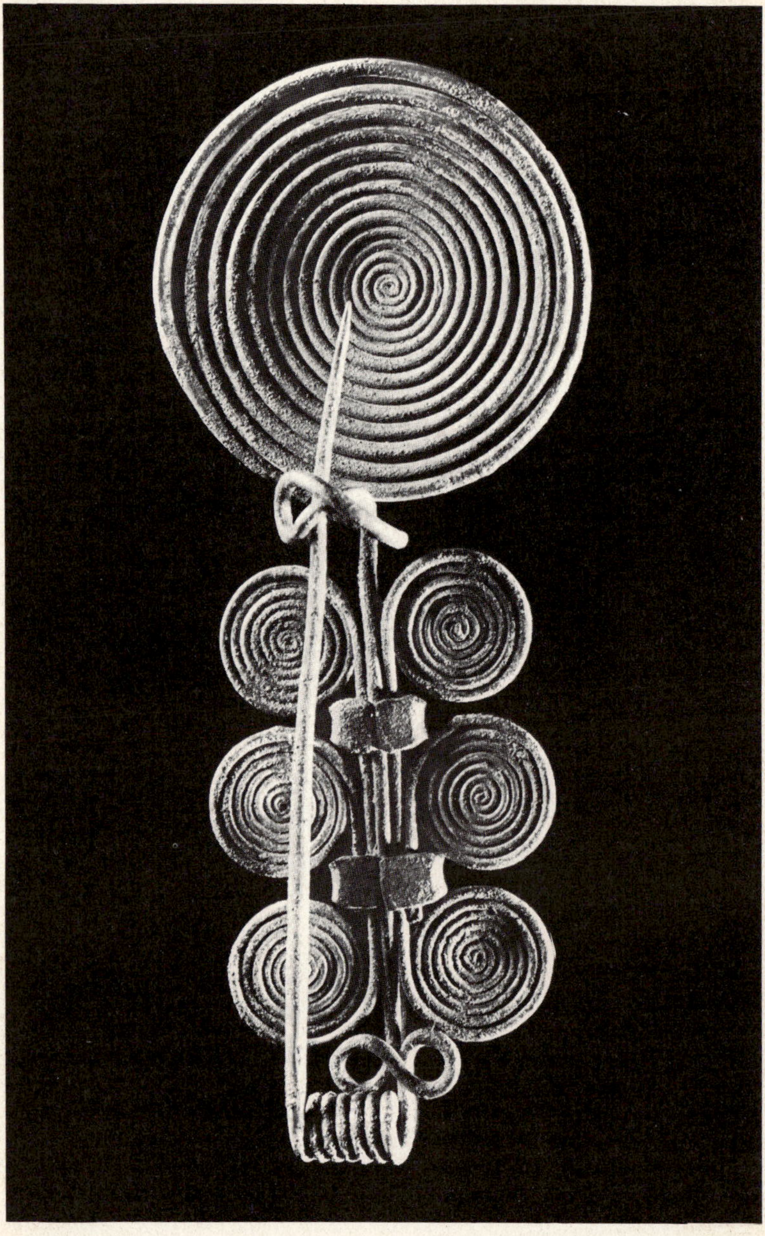

1. Die wachsende Bedeutung der Metalle

Die Geschichte der Metallbearbeitung durch den Menschen ist eine Geschichte von Feuer und Schmerz, Enttäuschung und Triumph. Sie handelt von wißbegierigen, schöpferischen Männern, die Tausende von Jahren schwitzend und kämpfend mit so geheimnisvollen Stoffen umgingen, daß man ihr Handwerk mit abergläubischer Ehrfurcht betrachtete. Aber am Ende, nach einer Spanne von etwa zehn Jahrtausenden, lernten die Männer, die ihr Leben in brennender Hitze am Feuer, Schmelzofen und Amboß verbrachten, das geschmolzene Metall zu meistern, und machten damit die moderne Welt möglich. Die Gebäude, in denen wir wohnen, die Maschinen, mit denen wir unsere Kräfte vervielfachen, die Werkzeuge, mit denen wir arbeiten – all das hängt heute vom Metall ab.

Doch es gab eine Zeit – gemessen an der Menschheitsgeschichte liegt sie noch nicht lange zurück –, da der Mensch nichts vom Metall wußte. Sicher, er zerrieb auffallend farbige Mineralien wie smaragdgrünen Malachit und rostroten Hämatit, um sie als Farbstoff zum Bemalen seines Gesichts und seines Körpers zu benutzen oder um die Wände der Höhlen, in denen er wohnte, mit Bildern zu verzieren. Heute wissen wir, daß man durch intensive Hitzeeinwirkung aus Malachit Kupfer gewinnt und daß Hämatit eines der Haupteisenerze ist; doch in der Steinzeit benutzte der Mensch diese Minerale ausschließlich für künstlerische Zwecke.

Erst Kunst – dann Gebrauchsgegenstand. Trotzdem war der Mensch auch ohne Metalle überraschend weit gekommen. Im Vorderen Orient, wo sich die Metallurgie vor über 10000 Jahren entwickelte, stand der Steinzeitmensch an der Schwelle zur Errichtung der ersten städtischen Zivilisationsformen. Auf den Hügeln des fruchtbaren östlichen Mittelmeerrandes und des mesopotamischen Beckens hatte er angefangen, sich niederzulassen und die ersten landwirtschaftlichen Gemeinden zu errichten. Er pflanzte und erntete Weizen und Gerste und züchtete Herden von Schafen und Ziegen. Er benutzte Werkzeuge aus Stein, Knochen und Holz, die außerordentlich leistungsfähig waren und fast alles schafften, was er mit

Europäische Bronzebrosche. Die aus aufgerolltem Bronzedraht gefertigten Schnecken verdecken die Nadel, mit der der Schmuck an der Kleidung befestigt wurde. Die große Schnecke, die Nadelfeder, die Nadel und die Nadelspannvorrichtung sind aus einem Stück Bronzedraht gebogen.

Größere Fundorte, die in diesem Buch erwähnt werden, sind auf dieser Karte verzeichnet. Nicht alle Orte waren Herstellungsstätten. Einige, so das kupferreiche Zypern, lieferten Erze zum Verhütten. Andere, wie Israels Nahal Mishmar, lieferten zwar wichtige Metallfunde, es gibt aber keine Anhaltspunkte dafür, daß die Gegenstände dort auch hergestellt wurden. Die Karte umfaßt einen Zeitraum von ungefähr 9000 Jahren – sie beginnt mit der irakischen Höhle Shanidar, wo man 1960 einen Kupferanhänger fand, der auf 9500 v. Chr. datiert wird, und endet mit dem oberösterreichischen Hallstatt, einem Eisenzentrum, das von 750 bis 500 v. Chr. seine Blütezeit erlebte.

Kupfer	Bronze	Eisen	
●	▲	■	Alaça Hüyük
●			Ali Kosh
		■	Bogazköy
●			Çatal Hüyük
●			Cayönü
●			Zypern
	▲	■	Hallstatt
●	▲	■	Hasanlu
		■	Hüttenberg
		■	Knossos
●	▲		Koszeg
	▲		Luristan
●			Mittendorf
	▲		Nahal Mishmar
	▲	■	Ras Shamra
●			Shanidar
	▲		Strettweg
●	▲		Susa
●			Tal-I-Iblis
●			Tepe Sialk
	▲		Thermi
●			Timna
●	▲		Troja
	▲		Unetiče
●	▲	■	Ur

● KUPFER
▲ BRONZE
■ EISEN

ihnen machen wollte. Selbst das am besten geschliffene Stahlmesser ist zum Beispiel nicht schärfer als ein Messer aus Obsidian, einem harten, glasartigen Stein, der bei Vulkanausbrüchen entsteht.

Infolgedessen kamen die Metalle durch die Hintertür in die Hauptbereiche des menschlichen Lebens. Erst nach vielen Jahrhunderten wurde ihr möglicher Nutzen deutlich – durch einen Evolutionsprozeß, der analog zur Entwicklung des Menschen selbst verlief.

«Fast alle industriell nutzbaren Eigenschaften der Grundstoffe und Arten der Materialformung wurden entdeckt, indem die Menschen diese Stoffe zunächst zur Herstellung von Kunstgegenständen verwendeten», schreibt Professor Cyril Stanley Smith, der bekannte Historiker der Metallurgie. «Die Herstellung von Ornamenten aus Kupfer und Eisen geht ganz bestimmt ihrem Gebrauch für Waffen voraus, wie es getöpferte Tonfiguren auch eher gab als den nützlichen Topf . . . Die erste Manifestation aller neuen Dinge scheint ein ästhetisches Erlebnis zu sein.»

Welches Metall wurde zuerst verwendet? Niemand weiß mit Sicherheit, wo die ersten Schmiede ihr Handwerk begannen. Das Metall des

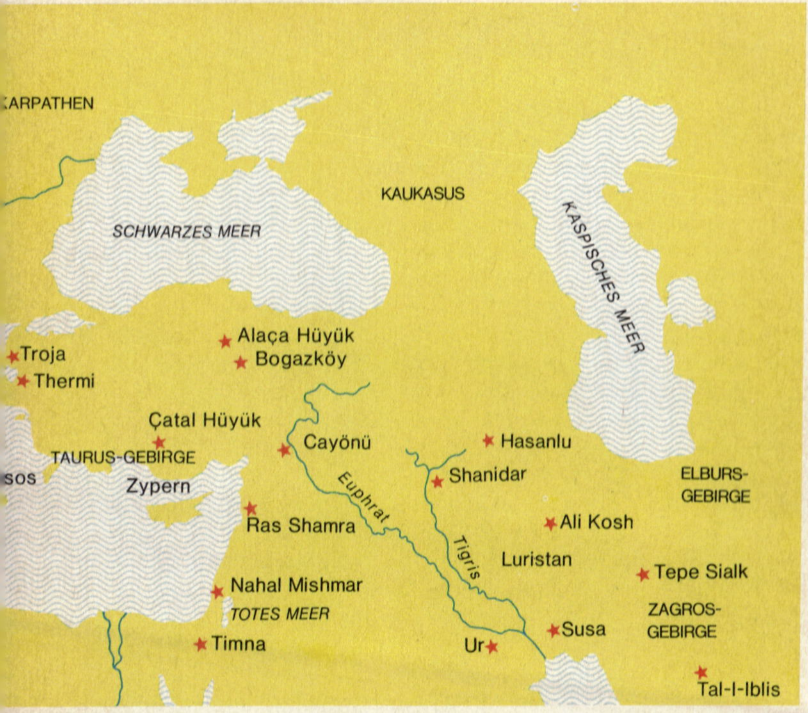

Altertums wurde im allgemeinen kalt bearbeitet, indem man es mit einem Steinhammer auf einem Steinamboß klopfte – ein Prozeß, der keine historischen Zeugnisse hinterließ. Es vergingen Tausende von Jahren, bevor man allmählich das Feuer benutzte, um Metalle weich zu machen und zu formen. Archäologen können noch nicht einmal sicher sein, ob die Stellen, wo sie die frühesten Artefakte finden, auch die Herstellungsorte dieser Gegenstände sind.

Metalle waren fast von Anfang an so interessant und entsprechend wertvoll, daß sie zu Tauschgegenständen wurden und weit herumkamen. Da einige der größten Schmiede des Altertums das Erz nicht an ihrem Wohnort fanden, mußte es buchstäblich importiert werden. Die Sumerer, deren Kultur zwischen 3500 und 1800 v. Chr. in der breiten Ebene zwischen Euphrat und Tigris blühte, holten ihr Metall aus dem Hochland, das die Ebene umgab – vom Zagros-Gebirge im Osten, vom Taurus-Gebirge im Norden und vielleicht sogar vom Elburs-Gebirge, das die Südküste des Kaspischen Meeres säumt. Und Ägypten, das zwar über reiche Goldvorräte verfügte, mußte all sein Kupfer und Silber einführen. Vielleicht war es sogar das Verlangen nach Metall, das die alten Ägypter antrieb, Schiffe zu bauen und Seefahrer zu werden; ihr Silber dürfte nämlich aus Syrien gekommen sein, ihr Kupfer aus Zypern und aus den reichen Malachitvorkommen der Wüste Negev in Israel; das Metall wurde möglicherweise in Barrenform aus einem Hafen am Golf von Akaba nach Ägypten verschifft.

So wie niemand mit Sicherheit weiß, wo der Mensch zuerst Metall benutzte, weiß auch niemand, welches Metall es war. Manche Archäologen glauben, es sei Kupfer gewesen, weil es in den Gegenden, wo die ersten Schmiede lebten und arbeiteten, reiche Kupfervorkommen gibt. Andere vermuten, es habe sich um Gold gehandelt. Demnach hätten die Menschen, damals wie heute, Goldkörner im Sand von Flußbetten oder zwischen den Steinen regenausgewaschener Berghänge glitzern gesehen. Diese Hypothese läßt sich jedoch nicht mit greifbaren Artefakten (= Erzeugnisse menschlichen Könnens, vorgeschichtliche Werkzeuge, Kunstwerke) beweisen, großenteils deshalb, weil Gold schon immer als wertvoll galt. Die meisten sehr alten Gegenstände aus Gold wurden eingeschmolzen, um entweder etwas Neues daraus zu gestalten oder, gar nicht so selten, um zu verheimlichen, daß es sich um einen gestohlenen Gegenstand handelte. Gold wurde vielleicht mehr als jedes andere Metall jahrhundertelang immer wieder umgearbeitet. Gold ist praktisch unzerstörbar und übersteht zahllose Neugestaltungen; es ist tatsächlich nicht so abwegig, wenn man vermutet, daß mindestens ein Teil des Goldes einer modernen Zahnfüllung früher einmal zu einem Kamm gehörte, der im schwarzen Haar einer ägyptischen Prinzessin glänzte.

Gold aus Nubien. Ob der Mensch nun zuerst Gold oder Kupfer benutzte, sicher ist, daß der ewige Glanz des Goldes dieses Metall für Schmuckzwecke begehrenswerter machte. Besonders die Ägypter bewerten es noch. Sie betrachteten es als «Leib der Götter» und scheuten keine Anstrengungen, es zu bekommen. Eine ihrer reichsten Quellen war Nubien, das «Goldland», eine unwirtliche, gebirgige Gegend im Süden, die man nur nach Durchqueren einer menschenfeindlichen Wüste erreichte. Hier, in dem Land, das man das ägyptische Sibirien genannt hat, schufteten Verbrecher und Gefangene in mehr als hundert Bergwerken. Aneinandergekettet und dauernd von Soldaten bewacht, verrichteten sie die verschiedensten Arbeiten, die mit der Gewinnung und Läuterung des Goldes zusammenhingen.

Das verborgene Metall lag in Quarzadern. Man mußte tiefe Schächte in die Berge treiben und das Quarz erhitzen, damit es leicht gebrochen und gefördert werden konnte. Im Schein winziger Laternen hackten Männer mühsam die zerbröckelnden Steine von den Grubenwänden, und Kinder trugen die Brocken zu den Arbeitern nach draußen. Nachdem es in Steinmörsern zu Körnern von Linsengröße zerkleinert worden war, zerrieben Frauen und alte Männer das goldhaltige Quarz in steinernen Handmühlen zu Staub. Der Staub wurde anschließend auf schräg gestellten Holzbrettern ausgewaschen; das Wasser spülte die Quarzteile fort und ließ das schwerere Gold zurück.

Im zweiten Hauptstadium der nubischen Goldgewinnung wurde der Goldstaub geschmolzen und geläutert, indem man ihn fünf Tage lang zusammen mit anderen, für das Verfahren erforderlichen Substanzen in Tongefäßen erhitzte. In den Gefäßen blieb schließlich das Gold zurück, aus dem man die meisten Spuren anderer Metalle, darunter Silber, entfernt hatte. Man formte das geschmolzene Gold dann zu Ringen, deren Durchmesser ungefähr 13 cm betrug, und transportierte diese Ringe, oft unter gefährlichen Bedingungen, mit Eseln nach Ägypten. Räuber, die mit den Wegen vertraut waren, überfielen nicht selten die Karawanen; wir wissen, daß mindestens ein Transport von einer 400 Mann starken Kompanie Soldaten begleitet werden mußte.

In Ägypten angekommen, wurde das Gold feierlich auf Waagschalen gewogen, die nur für diesen Zweck benutzt werden durften – alltäglichere Güter wie Korn wurden nach Scheffeln gemessen, während man das Kupfer einfach barrenweise zählte. Nach Feststellung seines genauen Wertes wurde das Gold abermals eingeschmolzen und in Gußformen verschiedener Standardgrößen gegossen. Die erstarrten Klumpen verteilte man dann an einzelne Handwerker, die sie zu den Grundformen der jeweiligen Endprodukte umbildeten. Mit so einfachen Werkzeugen wie Steinhammer und Steinamboß gaben sie dem Gold die verschiedensten verwendbaren Formen – darunter Draht, Plättchen und Röhren –, aus denen man Ketten, Schmuck, Vasen, Tassen, Schüsseln und eine große Zahl anderer kostbarer Gegenstände für den Pharao, die Priester und wohlhabenden Bürger des Königreichs machen konnte. Ihre Fertigkeit war so groß, daß selbst die Goldschmiede unserer Zeit bei der Nachbildung vieler ihrer Erzeugnisse Schwierigkeiten hätten.

Ungenaue Etikette. In der Welt des Altertums behielt Gold eine rein dekorative Funktion. Kupfer dagegen wurde schließlich zu praktischeren Zwecken verwendet. Aus diesem Grund haben Archäologen das erste Zeitalter der Metalle, das um 6000 v. Chr. beginnt, Kupferzeit genannt. Ein solches Etikett läßt sich bequem gebrauchen, hat jedoch seine Grenzen. Aber das gilt schließlich auch für die Bezeichnungen Steinzeit, Bronzezeit, Eisenzeit. Die Etikette scheinen die Geschichte in genaue chronologische Perioden zu unterteilen, die jeweils nach dem Material benannt werden, aus dem man die meisten Werkzeuge herstellte.

In Wirklichkeit hielten sich die frühen Metallschmiede keineswegs an eine derart feste Reihenfolge von Materialien. An einem Ort arbeiten die Menschen zu einer bestimmten Zeit vielleicht noch mit Werkzeugen aus Stein, während das normale Werkzeugmaterial an einem anderen Ort bereits aus Bronze besteht. Und anderswo wurden nicht einmal alle Perioden eingehal-

Kuprit

Gediegenes Kupfer

Melakonit

Bornit

Chalkopyrit

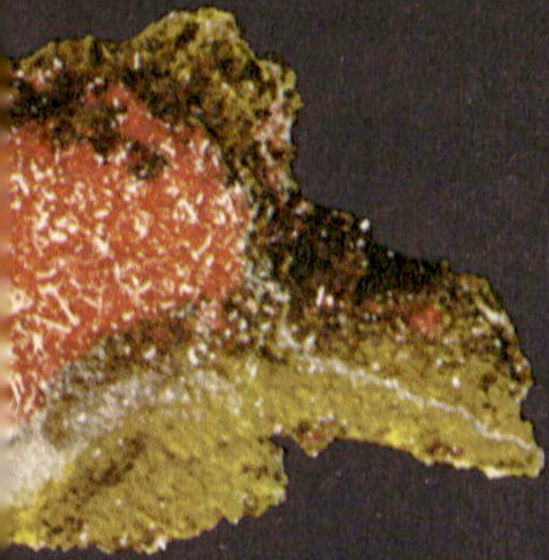

Azurit

Malachit

Im Vorderen Orient gab es relativ viel Kupfer, und die frühen Schmiede erkannten bald seine Eignung zur Herstellung von Werkzeugen, Waffen und Kunstgegenständen. Zuerst verwendeten sie nur gediegenes Kupfer; dann, als sie die Verhüttungstechniken kannten, wurden Kupfererze wie Kuprit, Melakonit, Azurit und Malachit abgebaut. Chalkopyrit und Bornit sind häufiger, liegen aber tiefer in der Erde und lassen sich schwerer verhütten. Aus diesem Grund wurden diese Erze im Vorderen Orient erst nach etwa 2000 v. Chr. in größerem Umfang verwertet.

ten: China zum Beispiel hatte nie etwas, das man als Kupferzeit bezeichnen könnte; dort folgte auf die Steinzeit fast unmittelbar die Bronzezeit. Dasselbe gilt für die Britischen Inseln. In Japan tauchten Bronze und Eisen fast gleichzeitig auf, und manche Fachleute sind sogar der Meinung, in jedem Teil der Erde habe es Eisen eher gegeben als Bronze. In Amerika blieb jedoch Stein bis zur Ankunft der Europäer im 16. Jahrhundert n. Chr. das dominierende Werkzeugmaterial – obgleich die einheimischen Völker Mexikos sowie Mittel- und Südamerikas nicht nur mit Metall vertraut, sondern auch erstklassige Goldschmiede waren.

Den Prozeß, in dessen Verlauf die meisten Menschen Bekanntschaft mit Metallen machten, zurückzuverfolgen ist ebenso schwierig wie die Bestimmung der ersten Metalle, mit denen sie arbeiteten. Wurden Metalle unabhängig voneinander zu verschiedenen Zeiten und an verschiedenen Orten entdeckt oder erfuhr man an einem bestimmten Ort zuerst von ihnen und gab dieses Wissen dann mündlich weiter, durch jenen Vorgang also, den die Archäologen Diffusion nennen?

Ursprung im Vorderen Orient. In den letzten Jahren sind viele Archäologen zu der Überzeugung gekommen, daß die großen Fortschritte des Menschen – z. B. der Getreideanbau und die Erfindung der Schrift – zu verschiedenen Zeiten und an weit auseinanderliegenden Orten gemacht wurden. Frühere Gelehrte glaubten dagegen, bahnbrechende Entdeckungen seien nur an einer Stelle gemacht worden und hätten sich von dort weiter verbreitet. Kritiker haben argumentiert, bei dieser Annahme gehe man davon aus, daß eine Menschengruppe aus einer Gegend fortgeschrittener und empfindungsreicher sei als alle anderen gleichzeitig lebenden Menschen. Außerdem zeigen neuere archäologische Funde deutlich, daß Ackerbau und Schrift von verschiedenen Volksgruppen, die durch Tausende von Kilometer getrennt waren, unabhängig voneinander entdeckt wurden.

Trotzdem scheint es, als habe sich die Metallurgie wegen der notwendigen verfeinerten technischen Hilfsmittel vom Vorderen Orient aus durch die Alte Welt verbreitet. Das metallurgische Wissen des Vorderen Orients gelangte nämlich nicht nur nach Westen zum europäischen Kontinent und von dort zu den Britischen Inseln, wie spätere Kapitel dieses Buches zeigen werden, sondern auch nach Osten zum indischen Subkontinent und vielleicht auf einer unbekannten Route nach China und Südostasien.

Kenntnisse vom Feuer waren die Voraussetzung. Wie sich die Benutzung des Metalls aber auch verbreitet haben mag – nichts trug mehr dazu bei als die wachsenden Kenntnisse des Menschen vom Feuer. Wie er in früheren Jahrhunderten herausgefunden hatte, daß sich mit Feuer die Höhle erwärmen und Fleisch kochen ließ, entdeckte er nun, wahrscheinlich durch Zufall, daß ein Metall wie Kupfer unter Hitzeeinwirkung leichter geformt werden konnte. Dieser einfachste aller metallurgischen Prozesse erlaubte, Kupfer auch über den Punkt hinaus mit dem Hammer zu bearbeiten, an dem es normalerweise hart und brüchig wurde. Hitze, besonders die intensive Hitze eines Holzkohlenfeuers, das in einem geschlossenen Raum brannte, ermöglichte auch das Verhütten, die Gewinnung von Metallen aus Erzen. Und das Verhütten lieferte eine neue und reiche Kupferquelle. Gegen 4000 v. Chr. gewannen Metallschmiede unter Verwendung einer einfachen Verhüttungsform Silber und Blei aus ihren Erzen; gegen 3000 v. Chr. wurden Zinnerze verhüttet, was die Herstellung von Bronze, einer Legierung von Zinn und Kupfer, erlaubte; und gegen 2700 v. Chr. hatten die Schmiede Temperaturen erreicht, die hoch genug waren, um Eisen auf wirkungsvolle Weise zu verhütten.

Metallhandel. Außer der Fähigkeit, Metalle aus Erzen zu verhütten, lernten sie auch, sie zu verflüssigen. Mit geschmolzenen Metallen wurde der Gußvorgang möglich. Die Herstellung von Metallgegenständen, besonders von Werkzeugen aller Art, nahm rapide zu.

Alle diese Entwicklungen führten zu einem Zusammenrücken der Welt. Der Bedarf an Metallen ließ die Menschen nach Erzen suchen. Und dieses Schürfen förderte den Austausch von Gütern und Ideen unter weit verstreut lebenden Völkern. Ein aktiver Metallhandel – entweder in Form von Erzen, roh verhütteten Barren oder Fertigprodukten – bewirkte schließlich auch einen allgemeinen Anstieg des Lebensstandards im Nahen Osten, Europas und Asien, besonders bei den Völkern, auf deren Land es Metallvorkommen gab oder die an den Handelsstraßen lebten.

Beruf: Metallschmied. Außerdem vermehrten Metalle die internationalen Kontakte noch durch einen anderen Vermittler: den Metallschmied selbst. Die für seine Arbeit notwendigen Fertigkeiten machten den Schmied zum Spezialisten, und als Spezialist war er nicht auf eine Siedlung beschränkt. Generationenlang, im Verlauf von Tausenden von Jahren, übte der Wanderschmied sein Handwerk überall dort aus, wohin der Gewinn ihn brachte, er war eine unabhängige, interessante Persönlichkeit und verbreitete außer seinen Erzeugnissen auch Informationen. Seine Fertigkeit war sein Paß: Wo auch immer er die Erze fand, die er brauchte, baute er seinen kleinen Schmelzofen, in dem er sie verhüttete. Überall in der Welt des Altertums hat er seine Spuren in Form von Schlackenhaufen und manchmal Überbleibseln eines Schmelzofens hinterlassen, wo man vielleicht noch die poröse, geschwärzte Metallmasse einer mißlungenen Verhüttung finden kann. In vergleichbarer Form gibt es ihn heute noch: als wandernden Schmied im Nahen Osten, der seine provisorische Werkstatt auf den staubigen Marktplätzen primitiver Bauerndörfer errichtet. Dort entdeckt man ihn

Silber

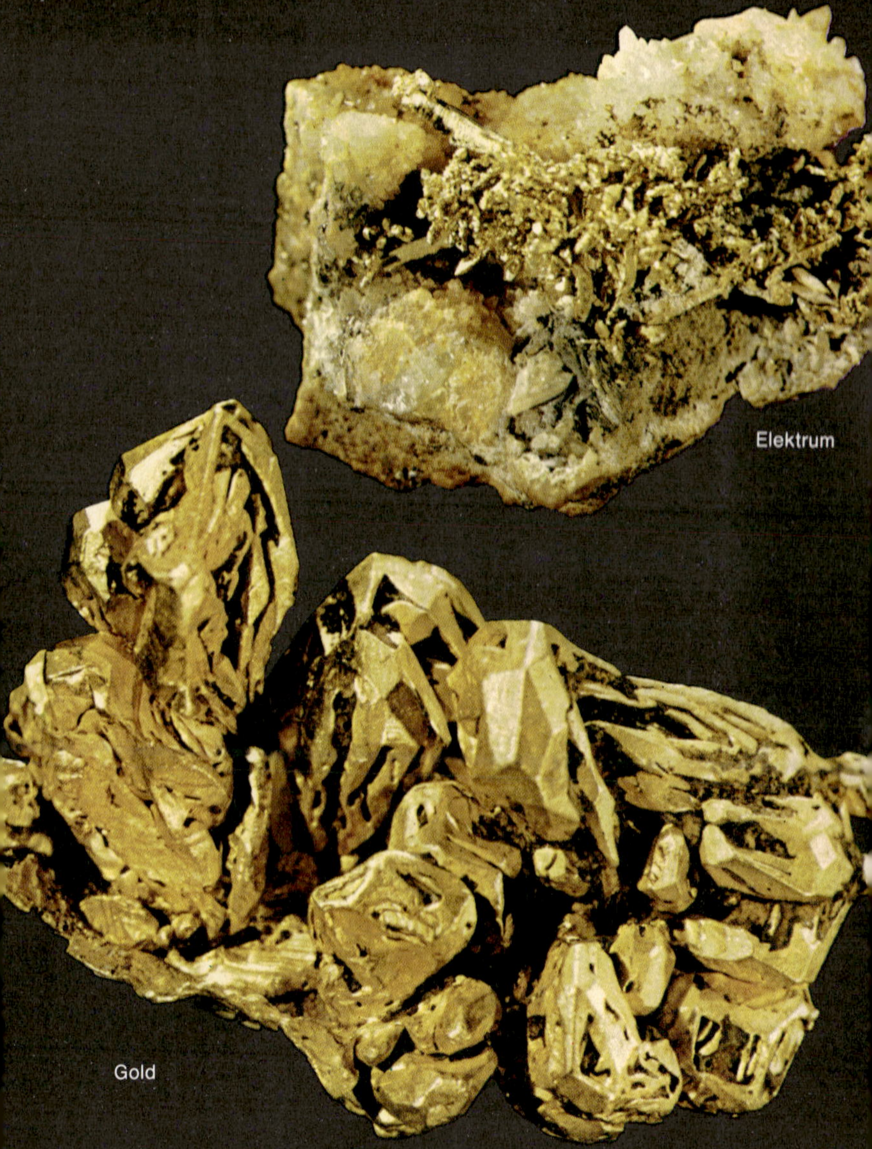

Seit den frühesten Tagen der Metallbearbeitung übten Formbarkeit und Glanz von Metallen wie Gold und Silber einen besonderen Reiz auf die Menschen aus. Viele der ältesten Gegenstände aus «Gold» scheinen jedoch aus Elektrum, einer natürlich vorkommenden Legierung von Gold und Silber, hergestellt worden zu sein. In vielen Gebieten galt das Silber, das man im Gegensatz zum Gold selten gediegen findet, als das wertvollere Metall.

vielleicht, wie er auf der Erde hockt und seine Blasebälge betätigt, bis die Kohlen in seinem einfachen Schmelzofen glühen, wie er die gleichen Äxte, Messer und Meißel formt, die seine Vorfahren seit 4000 oder mehr Jahren in ähnlicher Umgebung und unter ähnlichen Bedingungen herstellten.

Heute kann man sich fast nicht mehr vorstellen, was die Arbeit jener ersten wandernden Metallschmiede alles mit sich brachte. Alle ihre frühen Entdeckungen wurden in einem Vakuum gemacht: Sie besaßen keine Vorkenntnisse oder Präzedenzfälle, auf die sie zurückgreifen konnten. Es ist schwer, sich dieses Stadium vor Augen zu führen, weil unser Leben heute in einem so großen Ausmaß von den seit langem angesammelten Kultur-, Erfahrungs- und Gedächtniswerten bestimmt wird; wir werden in eine fertige Welt geboren. Die ersten Schmiede mußten fast alles erst erfinden, womit sie arbeiteten. Und was für eine Leistung war es unter diesen Umständen, eine Axt herzustellen, indem man Kupfer in eine Form goß oder ein so einfaches Gerät wie den Blasebalg zu ersinnen! Und wie bemerkenswert, nur durch Versuche zu lernen, wieviel Zinn man dem geschmolzenen Kupfer genau hinzufügen muß, um die Bronze herzustellen, aus der ein gebrauchsfähiges Schwert geschmiedet werden kann!

Geduldig und hartnäckig lernten die Schmiede durch die Praxis und gaben ihr Wissen mündlich weiter, bis die Gesamtsumme der Kenntnisse in der Renaissance buchstäblich ausreichte, um ein Buch zu füllen.

Das erste Fachbuch über Metallurgie. Das erste gedruckte Werk über Metallurgie, *Pirotechnia,* wurde von Vannoccio Biringuccio aus Siena geschrieben und 1540 veröffentlicht. Biringuccio, ein ehemaliger Gießereiarbeiter, war auch Architekt und Senator. Sein Buch beschrieb alle Erze und gab ihren Fundort an. Sehr ausführlich schilderte er die Techniken der Verhüttung, des Legierens und Gießens. Gleichzeitig konnte Biringuccio selbst in diesem technischen Traktat nicht der Versuchung widerstehen, eine treffende Schilderung vom Schmiedehandwerk zu geben:

«Ich möchte sagen, es ist solcherart, daß ein Mann von adeliger Geburt, so begabt er auch sein mag oder so sehr ihn die Freude auch dort hinzieht, es nicht ausüben sollte und könnte, sofern er nicht den Schweiß und die vielen Beschwerden gewöhnt ist, die es mit sich bringt. Er muß sowohl die große natürliche Hitze des Sommers als auch jene übermäßige und fortwährende Hitze der riesigen Feuer ertragen, die bei diesem Gewerbe benutzt werden, und ähnlich muß er im Winter die Feuchtigkeit und Kälte des unangenehmen Wassers erdulden.

Deshalb», fährt Biringuccio fort, «darf er, der dieses Handwerk ausüben möchte, dem Alter oder der Konstitution nach keine schwache Natur haben, sondern muß stark, jung und kräftig sein . . . Ich bezweifle auch nicht, daß jeder, der dieses Handwerk gründlich untersucht, darin eine gewisse Unzivilisiertheit feststellen wird, denn der Gießer gleicht immer einem Schornsteinfeger, bedeckt mit Kohle und unangenehmem, rußigen Rauch . . . Dazu kommt die Tatsache, daß für diese Arbeit eine heftige und dauernde Anstrengung aller Muskeln eines Mannes erforderlich ist, was seinem Körper viel Schaden zufügt und viele deutliche Gefahren für sein Leben birgt. Außerdem hält dieses Handwerk den Verstand des Handwerkers dauernd in Spannung und Furcht über das Ergebnis und beunruhigt und ängstigt seinen Geist beinahe fortwährend . . . Aber es ist trotz alldem ein gewinnbringendes und kunstfertiges Handwerk und zu einem großen Teil recht ergötzlich.»

So empfanden wahrscheinlich auch die allerersten Männer, die mit Metallen arbeiteten.

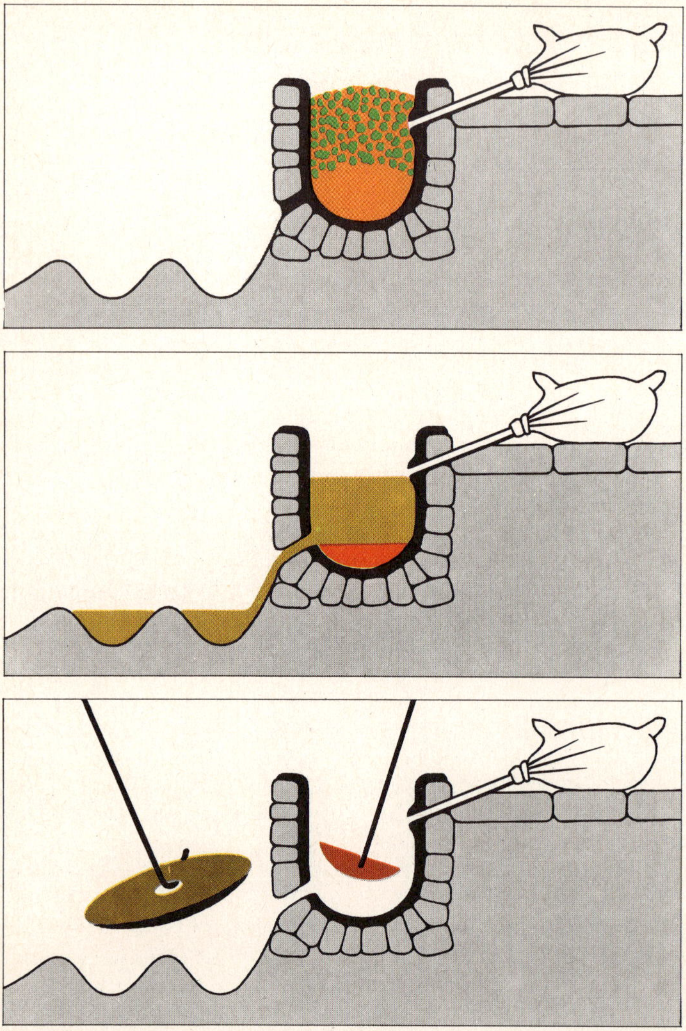

Oben: Der aus Steinen erbaute und mit Ton ausgekleidete Schmelzofen (ca. 1200 v. Chr.) stand am Rand einer Bodenvertiefung. An der Rückseite wurde mit einem Blasebalg Luft zugeführt. Die Füllung bestand aus einem Gemisch von Malachiterz (grün) und Holzkohle. Mitte: Wenn die Hitze des Schmelzofens 1100° C erreichte, setzte sich das geschmolzene Kupfer (rot) am Boden ab, und die leichtere Schlacke (braun) blieb oben. Jetzt öffneten die Schmiede das Loch an der Vorderseite des Ofens, um die Schlacke abzustechen. Unten: Wenn die gesamte Schlacke abgeflossen war, ließ man sie abkühlen und entfernte sie dann mit einem Haken. Das erhärtete Kupfer wurde mit einem langen Stab aus dem Schmelzofen gehoben.

2. Erschließung des Kupfers

Es ist ein Spätnachmittag im nordischen Hochland im Nordirak vor ungefähr 12 000 Jahren. Ein Mann, Hersteller steinerner Werkzeuge, geht langsam, den Blick zu Boden gerichtet, ein trockenes Flußbett entlang. Er ist in Tierfelle gehüllt, trägt Ledersandalen und sucht etwas. An seiner Hüfte hängt ein Lederbeutel, der bereits schwer mit verschieden großen Steinen beladen ist – darunter graue Feuersteine und Kieselschiefer, aus denen er Messer, Schaber und Bohrer machen will.

Wenn seine Suche aber so erfolgreich war, weshalb hält er den Blick immer noch nach unten gerichtet? Weil Steine nie aufhören, ihn zu interessieren, weil seine diesbezügliche Neugier nie gestillt wird. Wer weiß, welche Schätze noch unentdeckt in diesem Flußbett liegen, durch das er schon so oft gegangen ist?

Zufällig sind die Steine der genauen Beobachtung wert. Erodiert von dem wilden Bergstrom, der hier einst floß, gibt es sie in jeder Form und Größe. Und an den Ufern befinden sich felsige Auswaschungen, manche orangerot gefärbt, andere strahlend blau und metallisch grün gefleckt, wieder andere von zerbröckelnden, glänzenden Körnern durchzogen. Heute würde man solche Auswaschungen als Felsen mit Erzadern – Eisen, Kupfer, Zink, Gold – identifizieren, doch für das Handwerk unseres hypothetischen Werkzeugmachers aus der Steinzeit sind sie von keiner besonderen Bedeutung, und deshalb beachtet er sie nicht.

Jetzt aber fällt ihm ein ganz anderer Stein auf, den er noch nie gesehen hat. Seine Farbe ist merkwürdig – ein stumpfes Grün mit glatten braunen Tupfen –, und rundherum hat er dicke, spitze Zweige. Der Mann bückt sich, hebt ihn auf und wiegt ihn in der Hand. Er dreht ihn wiederholt um, untersucht seine seltsame Struktur, kratzt mit seinem Fingernagel an der Oberfläche. Verwirrt und gefesselt von seinem Fund, wirft er den eigenartigen Gegenstand in seinen schweren Lederbeutel und richtet seine Schritte in froher Erwartung, bald damit arbeiten zu können, heimwärts.

Ohne es zu wissen, hat der Werkzeugmacher aus der Steinzeit soeben den ersten Schritt auf einem langen, langen Weg getan, der in eine Maschinenwelt hoch aufragender Städte, schneller, auf blitzenden Schienen Kontinente durchquerender Eisenbahnen führt, in eine Welt, wo Schiffe sicher die tiefsten Ozeane durchpflügen, wo Flugzeuge schimmernde weiße Streifen an den Himmel zeichnen. Was dieser Mann aufgehoben hat, ist nämlich kein Stein, sondern ein Stück Metall – Kupfer in seiner reinen oder gediegenen Form. Und er wird der erste der unzähligen Männer sein, die im Laufe der

Jahrtausende mit Metall arbeiten – es erforschen, nach ihren Wünschen und Bedürfnissen formen.

Dieser Bericht schildert natürlich nur, wie es sich zugetragen haben könnte. Wie es tatsächlich geschah, konnte die Geschichte nicht aufzeichnen; jener fiktive Nachmittag geht der Erfindung der Schrift um rund 6000 Jahre voraus. Benutzte unser Werkzeugmacher bereits gelegentliche Goldfunde, um glänzenden Schmuck herzustellen? Vielleicht. Manche Archäologen glauben es. Trotzdem sollte Kupfer das erste Metall sein, das vom Menschen für Gebrauchszwecke benutzt wurde, indem er es in Werkzeuge und Waffen verwandelte, die auf seinen Lebensstil einwirkten. Und es war kaum reiner Zufall, daß Kupfer genau dort im Überfluß vorkam, wo bald große Zivilisationen entstehen sollten.

Überall im Vorderen Orient – im Irak, im Iran, in Teilen Syriens und der Sinai-Wüste, in den Ebenen und Vorgebirgen Anatoliens – wird das Grundgestein von Adern mit reinem Kupfer und kupferhaltigen Erzen durchzogen. Im Verlauf der geologischen Zeitalter wurden die Adern dort, wo sie dicht unter der Erdoberfläche lagen, allmählich von den Wettereinflüssen bloßgelegt. Dann, als Erde und Steine an den Adern abgetragen wurden, brachen kupferhaltige Fragmente los und fielen herunter.

Wie das Stück Kupfer, das der Werkzeugmacher aufhob, wurde das reine Metall manchmal in eigentümlich gedrehter Form als baumartig verzweigtes Kupfer gefunden. Es wurde aber auch in dünnen, an den Ecken gesplitterten und abgewetzten Plättchen und in massiven, festen Klumpen einer rotschwarzen, mit abgerundeten Höckern bedeckten Masse entdeckt.

Tausende von Jahren waren diese Klumpen, Plättchen und verzweigten Stücke des reinen Metalls die einzigen Kupferformen, die der Mensch kannte. Dazwischen verstreut lagen jedoch die bunten, erzhaltigen Steine, die Kupferoxide und Kupferkarbonate enthalten: rotbrauner Kuprit, rußig schwarzer Melakonit, strahlend grüner Malachit, himmelblauer Azurit. Und tief in der Erde, unter diesen oxidierten äußeren Steinschichten, lagen noch größere Kupfervorräte in Form von Kupfersulfiden – Kupferpyrit, Chalkolit oder Kupferglanz; Bornit, den man häufig Pfauenerz nennt, weil sein natürliches Rotbraun sich tiefblau und rot verfärbt, wenn er der Luft ausgesetzt wird; und das graue Kupfererz, das gewöhnlich als Fahlerz bezeichnet wird.

Ein Stein, der nicht splittert. Aber der Werkzeugmacher, der das Stück baumartig verzweigten Kupfers mit nach Haus nimmt, weiß nichts von

Diese drei Fundstücke aus Kupfer – hier vergrößert dargestellt – gehören zu den ersten Objekten überhaupt, die von Menschen aus Metall hergestellt wurden. Der ovale Anhänger aus dem Irak ist der älteste bekannte Metallgegenstand, den es auf der Welt gibt. Die beiden Nadeln stammen aus dem Iran und gehören zu den ersten Metallgegenständen, die der Mensch für praktische Zwecke herstellte.

Anhänger aus Shanidar, Irak; um 9500 v. Chr.

Nadel aus Tal-I-Iblis, Iran; um 4100 v. Chr.

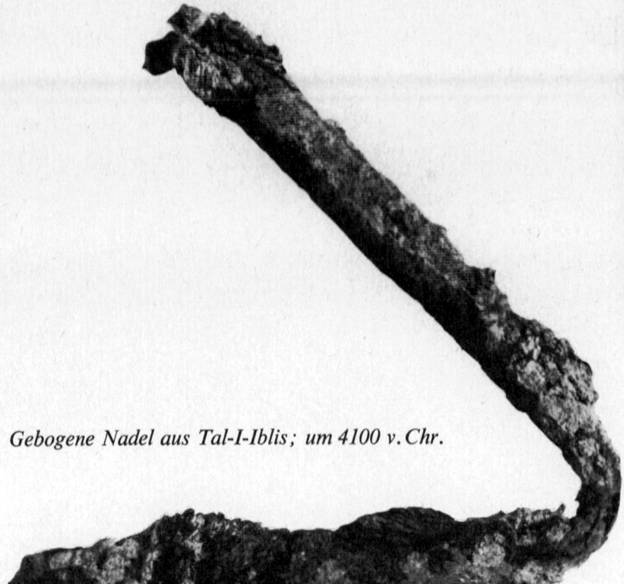

Gebogene Nadel aus Tal-I-Iblis; um 4100 v. Chr.

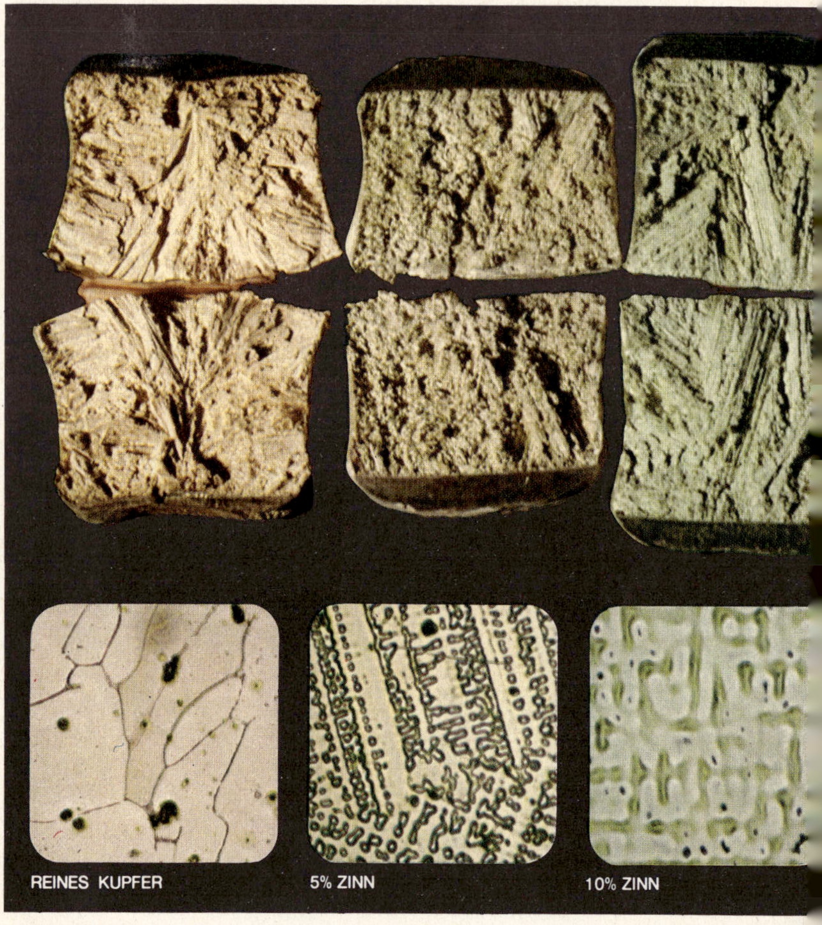

diesen Dingen. Er sitzt an jenem Abend in seiner Höhle am Feuer, legt sich das Stück Kupfer auf den Knien zurecht und versetzt ihm einen scharfen Schlag mit dem Steinhammer. Doch es fliegen keine Splitter durch die Luft. Statt dessen hat der Hammer das Kupfer tief eingeritzt, wodurch unter der stumpfen Oberfläche eine glänzende rote Substanz zum Vorschein kommt. Interessiert schlägt der Mann immer wieder zu, bringt mehr und mehr von dem glänzenden Material ans Licht. Als er dann weiter experimentiert, stellt er fest, daß das Kupfer unter seinen Mahlwerkzeugen besser nachgibt und sich in fast jede beliebige Form bringen läßt. Diese Merkmale – die Verform-

Hier werden fünf Metallproben – reines Kupfer und vier Kupferlegierungen – auf zwei verschiedene Arten gezeigt. Normal fotografiert, weisen fünf auseinandergebrochene Barren (obere Doppelreihe) leichte Unterschiede in Farbtönung und Struktur auf. Unter dem Mikroskop (untere Reihe) zeigen die Proben deutliche Unterschiede.
Wie die Mikrofotografien auf diesen Seiten zeigen, verdeutlicht die Metallographie beispielsweise unterschiedliche Kristallstrukturen von Kupfer und verschiedenen Kupferlegierungen.

barkeit und Kaltschmiedbarkeit des Metalls und seine Tendenz, strahlenden Glanz anzunehmen, wenn der Hammer die Oxidierung von der Oberfläche abschlägt – müssen unseren Werkzeugmacher davon überzeugt haben, daß er diesmal an einen Stein geraten ist, der wirklich über ganz besondere und neue Eigenschaften verfügt.

Gehämmerte Kupferanhänger. Bis hierher war alles Vermutung, das weitere wird jedoch durch konkrete Beweise gestützt. In den letzten Jahren haben Archäologen überall im Nahen Osten und im westlichen Asien, von

Anatolien bis Afghanistan und bis zum Indus in Pakistan, Grabungen vorgenommen und dabei Gebrauchsgegenstände des prähistorischen Menschen gefunden – und zu diesen Artefakten gehören auch Objekte aus gehämmertem Kupfer. Der älteste dieser Funde ist ein Einzelornament aus Shanidar, einer großen Höhle im Zagros-Gebirge des nordöstlichen Irak, die schon vor 100 000 Jahren von Menschen bewohnt wurde. Bei seinen Ausgrabungen entdeckte der Anthropologe Ralph Solecki hier einen fast zweieinhalb Zentimeter langen perforierten Kupferanhänger, der um das Jahr 9500 v. Chr. entstanden sein muß.

Dieses Datum fällt beinahe genau mit der Zeit zusammen, als die Menschen im Gebiet von Shanidar begannen, vom Jagen und Sammeln zu den ersten Formen des Ackerbaus überzugehen. Nur wenige Kilometer von der Höhle entfernt, haben Archäologen an einem Ort namens Zawi Chemi die älteste Siedlung ausgegraben, die bisher im nördlichen Irak gefunden wurde. Die Menschen von Zawi Chemi wohnten in dicht zusammenstehenden, kleinen runden Hütten aus Flußkieseln, die sie an den nahen Ufern des Großen Zab, eines reißenden Gebirgsflusses, sammelten. Obwohl sie Jäger waren, hielten sie auch Schafe, und ihr Getreidesammeln war so ergiebig, daß sie ein seßhaftes Leben führen konnten. Unter den hier ausgegrabenen Artefakten befinden sich sattelförmige Mahlsteine, um Korn zu Mehl zu zerreiben, scharfe Steinsicheln und Fragmente von Körben und Decken. Die Fußböden der Hütten haben auch Perlen aus Knochen, Malachit und Marmor, dekorative Tierzähne und mit Gravuren verzierte Anhänger aus Schiefer freigegeben. In Anbetracht dieser Funde ist es wahrscheinlich, daß der Kupferanhänger aus der Shanidar-Höhle von einem der phantasievollen Bewohner Zawi Chemis angefertigt wurde.

Frühe Nadeln. Zwischen dem Anhänger von Shanidar und dem nächsten Beweisstück für den Kupfergebrauch des Menschen liegen etwa 2300 Jahre und einige Hundert Kilometer. 1964 entdeckten die Archäologen Robert Braidwood und Halet Cambel bei dem türkischen Ausgrabungsort Cayönü Tepesi im südöstlichen Anatolien vier Kupfergegenstände. Zwei davon sahen aus wie frühe Versionen einer geraden Nadel – an einem Ende stumpf, am anderen spitz. Der dritte Gegenstand war gekrümmt und hatte eine doppelte Spitze, wie ein Angelhaken. Der vierte war ein Kupferklum-

Die Figurinen links, die in einem Abstand von wenigen 100 Jahren im Verlauf des 3. Jahrtausends v. Chr. entstanden, wurden alle nach dem Guß in verlorener Form gegossen. Die rechte stellt eine Göttin dar; die beiden Hörnerpaare, die ihren Turban einfassen, deuten auf göttliche Eigenschaften hin. Man fand sie in der sumerischen Stadt Ur. Die linke Statue wurde in der Mauer eines Tempelfundaments in Nippur entdeckt. Keilschriftbuchstaben auf dem Gewand kennzeichnen sie als Ur-Nammu, einen der mächtigsten Könige Sumers, und sprechen von dem Tempel und dem Gott, dem die Figur geweiht war – von Enlil, dem Beschützer der Stadt Nippur. Auf dem Kopf trägt Ur-Nammu einen Korb aus Mörtel.

Linke Sequenz (von oben nach unten): Die Mikrofotografie eines Stücks reinen Kupfers, das auf drei verschiedene Arten behandelt wurde, zeigt bei hundertfacher Vergrößerung, wie unterschiedlich sich die alten Techniken der Metallbearbeitung auf das Material auswirkten. Kalthämmern machte die Kupferkristalle zwar flach, brach sie aber nicht. Erhitzen auf 235 ° C erschütterte die Kristallstruktur; die Kristalle, die vorher groß waren, zerbrachen, und es bildeten sich kleine Kristalle. Bei höheren Temperaturen wurde die Kristallstruktur gänzlich umgeformt. Rechte Sequenz (von oben nach unten): Der Kristallaufbau eines Bronzestücks mit 85 % Kupfer und 15 % Zinn wirkt dicht, wenn das Stück nur gehämmert wurde. Durch Erhitzen und Abschrecken wurde das Metall weiter verändert: Die Kristalle dehnten und vereinigten sich, wobei dazwischen große, unregelmäßige Lücken entstanden. Wenn man das Metall jedoch abermals erhitzte und anschließend langsam an der Luft abkühlen ließ, vereinigten sich die Kristalle zu kompakten Massen, zwischen denen kaum noch Lücken blieben.

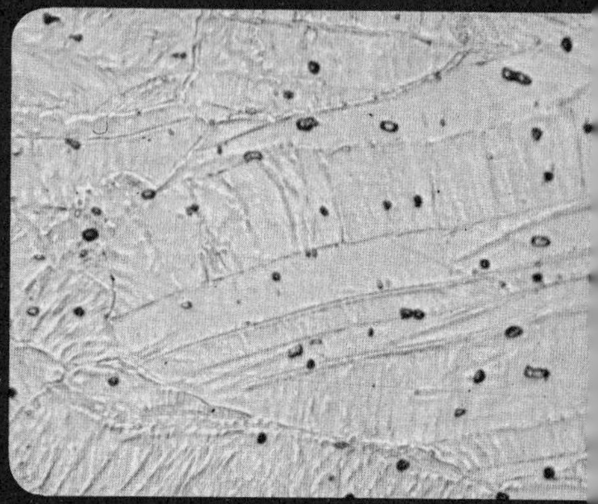

GEHÄMMERTES KUPFER

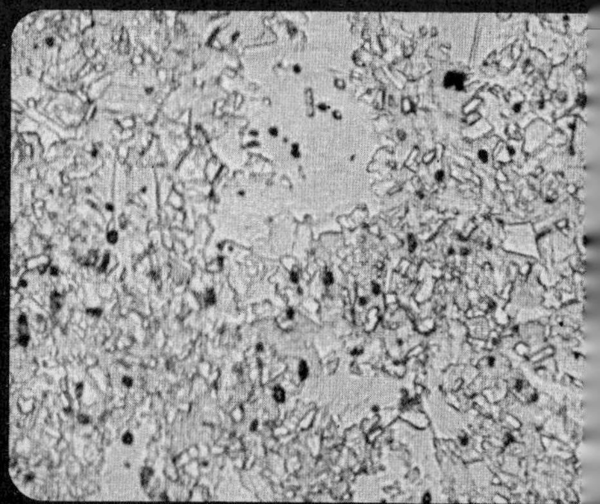

ERHITZTES KUPFER

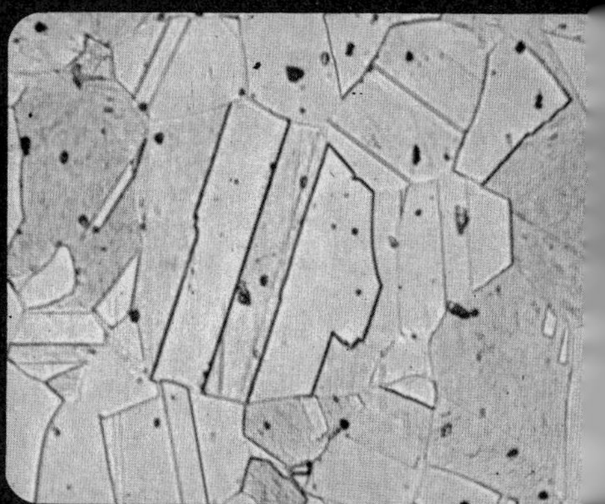

UMKRISTALLISIERTES KUPFER

GEHÄMMERTE BRONZE

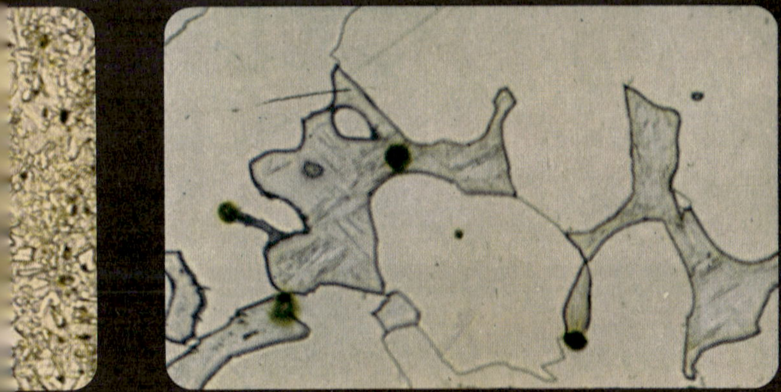

DURCH WASSER GEKÜHLTE BRONZE

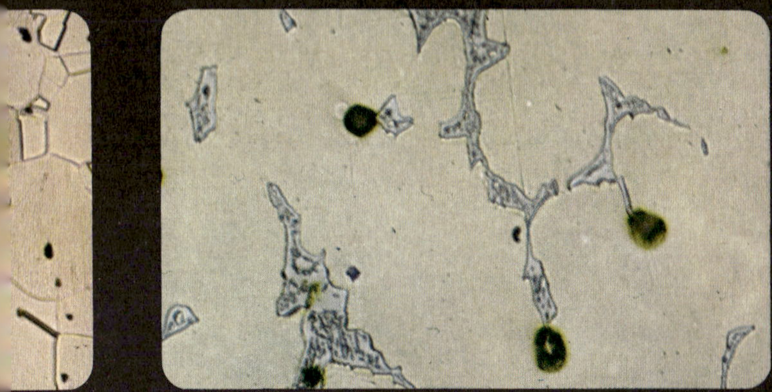

DURCH LUFT GEKÜHLTE BRONZE

pen, den man mit dem Hammer spitz zugeklopft und wahrscheinlich als Ahle oder Pfriem benutzt hatte. Alle vier datierten ungefähr aus dem Jahr 7200 v. Chr.

Versiegte die Kenntnis vom Kupfer zwischen Shanidar und Cayönü? Unwahrscheinlich. Obgleich das Metall selbst noch keine erhebliche Wirkung auf die Zivilisation ausgeübt hatte, machte der Mensch auf vielen Gebieten Fortschritte. In Cayönü domestizierte er nicht nur Schafe, sondern auch Schweine und möglicherweise Ziegen, und er hatte begonnen, eine frühe Weizenart anzubauen. Gebrannte Tontöpfe gab es noch nicht, aber er hatte gelernt, Ziegel aus Schlamm zu formen, und seine Häuser waren solide gebaut, ruhten auf festen Steinfundamenten und hatten sauber gepflasterte Fußböden. Das Kupfer – in Form gelegentlicher Werkzeuge – hat sein Leben vielleicht etwas bequemer gemacht.

Früher Handel mit Produkten aus Kupfer. Nach Cayönü vergehen fast tausend Jahre, bevor wieder greifbare archäologische Beweise für Artefakte aus Kupfer auftauchen – und dann gibt es überall im Vorderen Orient immer mehr Funde, die zwischen 6500 und 5200 v. Chr. zu datieren sind. Es ist, als habe das gesamte Gebiet – und nicht ein einzelner Mensch oder ein isoliertes Dorf – plötzlich das Metall entdeckt. In den frühesten Wohnschichten von Çatal Hüyük, einer türkischen Stadt in Südanatolien, werden kleine gebogene Kupferstangen und Karneolperlen gefunden, was auf eine Halskette aus Kupfer und Karneol schließen läßt. Tief unten in einer vielschichtigen Ausgrabung bei Yarim Tepe im fernen Nordosten des Iran, fast an der Grenze zum sowjetischen Turkmenistan, taucht Kupferschmuck auf. Eine einzelne Perle, ein winziges Ding, wird von einem aufmerksamen Archäologen entdeckt, der im Süden des Iran bei Ali Kosh, einem frühen Bauerndorf genau am Rand der mesopotamischen Ebene, gräbt. Und schließlich kommen aus der türkischen Bauernsiedlung Hacilar Kupferperlen, die um das Jahr 5000 v. Chr. entstanden sind.

Diese weitvertreuten archäologischen Funde lassen vermuten, daß sich die Kenntnis vom Kupfer um das sechste vorchristliche Jahrtausend zu verbreiten begann. Nicht an allen Stellen, wo die Artefakte gefunden wurden, gab es Kupfervorkommen. Im Umkreis von Hunderten von Kilometern um Ali Kosh gibt es zum Beispiel kein Kupfer, und in der weiten mesopotamischen Ebene werden überhaupt keine Metalle gefunden. Die in Ali Kosh entdeckte Kupferperle muß also von einem anderen Ort dorthin gebracht worden sein. Eine Gegend, die wahrscheinlich in Frage kommt, ist das Gebirgsgebiet Nordpersiens, das gut 650 km entfernt liegt. Und zufällig stammt ein anderes, bei Ali Kosh entdecktes Artefakt, ein Stück Obsidian, ebenfalls aus diesem Gebiet. Gab es dort schon 6000 v. Chr. die Anfänge eines regulären Handelsweges aus dem Norden? Wurden Kupfer und Obsidian so lange von Hand zu Hand weitergegeben, bis sie schließlich nach Ali Kosh kamen? Die materiellen Anhaltspunkte für diese systematische Aktivität sind dürftig, aber es gibt sie. Die Ruinen von Cayönü, wo man die ersten Kupferwerkzeuge fand, enthielten eine Muschel aus dem 500 km entfernten Mittelmeer, die vielleicht als Kuriosität gegen ein Stück Kupfer aus dem Dorf eingetauscht wurde. In Çatal Hüyük, der türkischen Stadt, wo man das Kupfer und die Karneolperlen ausgrub, gibt es viele Artefakte aus Materialien, die man nicht in der Gegend findet – Alabaster, Marmor, Feuerstein und Gehäuse von Kaurischnecken. Und Çatal Hüyük war eine blühende Stadt. Ihre 6000 Menschen umfassende Bevölkerung erfreute sich ungefähr des höchsten Lebensstandards der damaligen Zeit. Sie hatten eine viel abwechslungsreichere Nahrung als ihre Nachbarn – drei Weizen- und zwei Gerstearten, außerdem Erbsen, Linsen und Pflanzen, die nur wegen ihres Öls angebaut wurden. Es gab überdies Äpfel und Mandeln, Traubenkirschen und Wacholderbeeren, Bucheckern und Pistazien. Die Menschen wohnten in rechteckigen Häusern, trugen Kleidung aus gewebten Stoffen und aßen aus steinernen und hölzernen Schüsseln. Obgleich es keine Beweise für Handel gibt, kann man sich unschwer vorstellen, daß Çatal Hüyük Alabaster, Marmor und Kaurischnecken auf irgendeinem regulären Tauschweg importierte.

Schmucktechnologie. Einige tausend Jahre gehörte das Kupfer, das sich auf diesen frühen Handelsrouten überall im Vorderen Orient verbreitete, großenteils zu einem Stadium in der Entwicklung des Metalls, das man als «Schmucktechnologie» bezeichnet. Das Metall selbst war immer noch gediegenes Kupfer und wurde nicht geschürft, sondern über Tage gesucht. Die Bearbeitung basierte weiterhin auf der Verwendung des Hammers – obgleich es hier und da offenbar Menschen gab, die erkannten, daß es bei Hitze weicher wurde und sich leichter hämmern ließ. Um 4000 v. Chr. entdeckte man jedoch, daß sich Kupfer durch Verhütten aus seinen Erzen gewinnen ließ. Damit wurden die Kupfervorräte entscheidend vermehrt, und man ging dazu über, das Metall zu nichtkünstlerischen Zwecken zu verwenden.

Die Entdeckung der Kupferverhüttung. Um den riesigen Fortschritt zu verstehen, den der Mensch machte, als er entdeckte, daß manche Felsen Kupfer enthalten, braucht man nur darauf hinzuweisen, daß zwischen dem Kupfer und seinen Erzen keine augenscheinliche Verbindung besteht. Gewicht und Struktur des Erzes haben keine Besonderheiten, die es direkt mit dem eigentlichen Metall verbinden. Trotzdem erkannte eines Tages jemand, daß der am Boden liegende Kupferklumpen und die erzführende Ader in den nahen Felsen miteinander verwandt waren. Wie kam es dazu?

Viele Jahre glaubten die Gelehrten, die Entdeckung habe sich zufällig in einer häuslichen Feuerstelle ereignet. Beim Stöbern in der Asche fand jemand ein Kupferkügelchen und fragte sich, woher es sei. Vielleicht war die

Um die Genauigkeit der Metallographie zu demonstrieren, wurde aus einer persischen Kupfernadel aus dem Jahre 4200 v. Chr. ein dünnes Stück herausgeschnitten und für die mikroskopische Untersuchung präpariert. Bei hundertfacher Vergrößerung zeigte das Stück, daß es oft gehämmert, aber nicht erhitzt wurde. Zu Testzwecken stellte man aus einem Brocken gediegenen persischen Kupfers eine Kopie der Nadel her und untersuchte sie ebenfalls unter dem Mikroskop. Die beiden Proben werden rechts miteinander verglichen.
Die Mikrofotografie des Querschnitts der alten persischen Nadel (links) zeigt das spezifische Muster verlängerter Kristalle, das Erkennungszeichen für gehämmertes, aber nicht erhitztes gediegenes Kupfer. Die moderne Nadel, die man durch Nachahmung der alten Kalthämmer-Methode herstellte, weist ein ganz ähnliches Muster auf.

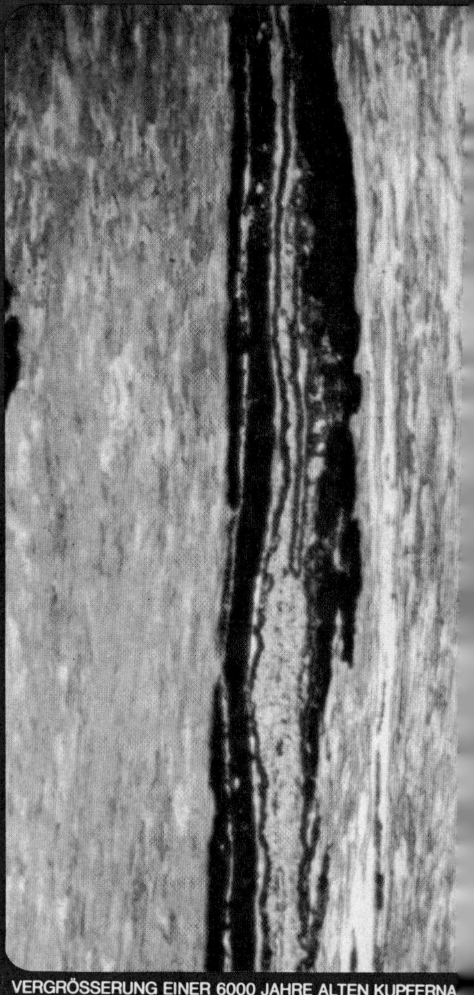
VERGRÖSSERUNG EINER 6000 JAHRE ALTEN KUPFERNA

Feuerstelle von erzhaltigen Felssteinen umgeben, und vielleicht erinnerte sich der Feuermacher daran, solche Steine schon dort gesehen zu haben, wo er sein gediegenes Kupfer sammelte. Beim Kombinieren seiner Beobachtungen stieß er plötzlich auf den Ursprung des Kügelchens.

Leider sind an dieser Theorie einige Dinge falsch. Normale Herdfeuer

VERGRÖSSERUNG EINER HEUTIGEN KUPFERNADEL

werden selten heiß genug, um Kupfer von seinen Erzen zu trennen, und nur unter außergewöhnlichen Umständen würde das Kupfer in dieser Form verhüttet werden. Die normale Temperatur eines Herdfeuers beträgt 600° bis 700°C – etwas weniger als das Minimum von 700° bis 800°C, das man braucht, um ein Kupferoxid-Erz zu schmelzen. Selbst bei 800°C ist das produzierte Kupfer jedoch porös und brüchig und daher unbrauchbar. Um das Metall richtig zu verflüssigen, ist eine Temperatur von beinahe 1100 °C nötig.

Es ist denkbar, daß die Temperatur des Herdfeuers über 800 °C stieg, wenn es durch einen kräftigen Wind angefacht wurde. Aber für den komplexen chemischen Vorgang, zu dem es kommt, wenn die Kupfererze ihr Metall freigeben, ist sauerstoffarme Luft eine der wichtigsten Voraussetzungen: Metallurgen bezeichnen sie als «Reduktionsluft». Bei dieser Luft wird der Sauerstoffgehalt sorgfältig kontrolliert, und der im Erz selbst enthaltene Sauerstoff verbindet sich mit dem Kohlenmonoxid des Kohlenfeuers zu Kohlendioxid, das anschließend entweicht. Das Endprodukt ist ein Kupferklumpen.

Zufall am Töpferofen. Wie wurde die Verhüttung jedoch entdeckt, wenn ein Herdfeuer nicht die richtige Reduktionsluft liefern konnte? Die wahrscheinlichste Vermutung ist wohl, daß es zufällig in einem Töpferofen passierte. Vielleicht hatten die Töpfer der Vorgeschichte die Gewohnheit, Kupferoxide in zerstoßener Form als eine Art Glasur zu benutzen, die ihren Waren eine blaue Farbe gab. Ein Töpfer, der nach einem Feuer in seinem Brennofen Kupferspuren fand, wäre sicher ganz aufgeregt geworden. Er hätte voraussichtlich versucht, sein Zufallsergebnis zu wiederholen – was ihm schließlich auch gelungen wäre. Aber welche Ausdauer muß erforderlich gewesen sein, um den Ursprung des Kupfers eindeutig zu bestimmen!

Der nächste Schritt hätte für den Töpfer darin bestanden, seinen Ofen für die Herstellung von Kupfer statt Töpfen einzusetzen. An diesem Punkt muß ein Metallschmied eingegriffen haben. Er konnte nicht wissen, weshalb der Ofen seines Freundes aus Erz Metall machte, aber er – und andere wie er – fuhren zweifellos fort, zu experimentieren und zu lernen. Bei diesem langsamen, langen Prozeß machten die Töpferöfen verfeinerten Schmelzöfen Platz, die eine größere Hitze erzeugen konnten. Gegen 3200 v. Chr. wurde das Kupfer in einem geschlossenen Ofen aus dem Erz gewonnen – und häufig handelte es sich dabei schon um einen Ofen, in dem Brennstoff und Erz getrennte Kammern einnahmen. Der Prototyp ist der Vorfahre einer Hochofenart, die noch heute benutzt wird und außerordentlich leistungsfähig ist. Sie verhüttet nicht nur das Erz, sondern erzeugt auch Temperaturen, die hoch genug sind, um die entstehende Kupfermasse zu schmelzen.

Sogar der Brennstoff des Töpfers, gewöhnliches Holz, wurde schließlich durch die weit ergiebigere Holzkohle ersetzt. Brennende Holzkohle kann unter Luftzufuhr sehr stark erhitzt werden; je stärker die Luftzufuhr, desto heißer das Feuer. Die Schmiede verließen sich zuerst auf die vorherrschenden Winde, bauten ihre Öfen an Berghängen, die in entsprechender Windrichtung lagen, und leiteten den Wind durch Schächte, die sie in den Hang gruben, zur Grundfläche ihres Feuers.

Später kamen den Schmieden wieder die Töpfer zu Hilfe, indem sie Ton lieferten, der bei den hohen Temperaturen nicht zusammen mit dem Metall schmolz. Dieser hitzebeständige Ton konnte zu Lufteinlaßrohren verarbeitet werden, die die Metallmacher benutzten, um die Flammen anzufachen. Noch später, mit der Erfindung des Blasebalgs, konnten die Metallschmiede die Temperaturen ihres Feuers auf bis zu 1650 °C erhöhen – was heiß genug ist, um Eisen zu schmelzen, und über dem Schmelzpunkt der meisten anderen Metalle liegt.

Metallindustrie vor 6000 Jahren. Mit der ursprünglichen Entdeckung der Erzverhüttung in einem Töpferofen wurde die Produktion von Kupfer aus Erz ein größerer Beschäftigungszweig – eine der ersten Industrien der Welt. Die älteste Stelle, an der sich dieser Vorgang nachweisen läßt, ist Tal-I-Iblis im Iran. Tal-I-Iblis liegt in einem Tal des Kerman-Gebirges, einer langen Bergkette parallel zum Zagros-Gebirge, jedoch durch eine Wüste von diesem getrennt. Es ist heute eine verlassene Gegend mit Sommertemperaturen über 40 °C und durchschnittlichen Regenmengen von nur zehn Zentimetern im Jahr. Der Boden besteht aus Sand und verstreuten Felsbrocken und entbehrt fast jeglicher Vegetation. Aber vor 6000 Jahren war das Tal nicht so unwirtlich, und die Berge, die es begrenzten, waren mit Bäumen bewachsen, unter anderem mit wilden Pistazien, die ein ausgezeichnetes Holz für Holzkohle abgaben.

Das persische Wort *Tal* bedeutet Hügel oder Wall. Einer der Hügel bei Tal-I-Iblis ist knapp 12 m hoch und besteht, wie Hunderte ähnlicher Hügel im Nahen Osten, aus den Überresten von mehreren aus Lehmziegeln erbauten Dörfern, von denen jedes auf den Ruinen des vorhergehenden errichtet wurde. Ein Ort wie Tal-I-Iblis wird also deutlich erkennbare Spuren von Siedlungen enthalten, die Tausende von Jahren zurückreichen. In diesem Fall wurde das älteste Dorf kurz vor 4000 v. Chr. erbaut.

Der Hügel wurde 1932 von dem britischen Archäologen Mark Aurel Stein gefunden und vermessen. Ein Weltkrieg und die Lokalpolitik verhinderten, daß in den darauffolgenden 32 Jahren andere Wissenschaftler zur weiteren Erforschung dorthin gelangten.

Dann stattete Joseph R. Caldwell vom Illinois State Museum dem Hügel 1964 im Verlauf einer archäologischen Landesaufnahme unter der Schirmherrschaft des Schahs von Persien einen kurzen Besuch ab. Was er dort sah, schockierte und überraschte ihn zugleich. In den Jahren seit der Vermessung durch Stein war der Hügel von den Bauern der Umgebung durchfurcht und sein Boden zur Anreicherung auf ihre Felder transportiert worden. Hunderte wertvoller Artefakte aus ihren Zufallsausgrabungen lagen überall herum, eine echte Tragödie für die Archäologen der Welt.

Doch die Bauern hatten auch übereinanderliegende Schichten freigelegt, die erkennen ließen, daß Tal-I-Iblis fast von seinen Ursprüngen an ein reges

Vor den hoch aufragenden Sandsteinfelsen, die man König Salomons Säulen nennt, sind die Ruinen des Hathor-Tempels (1300 v. Chr.; oben eingerahmt) heute kaum noch zu sehen. In der Rekonstruktion rechts oben umschließt eine etwa 7 × 9 m lange Mauer ein kleines Heiligtum aus importiertem weißem Sandstein, auf dessen beiden vorderen Säulen die Gesichter der Göttin reliefartig in Stein gehauen sind. Im Hof waren drei Schalen für rituelle Waschungen aufgestellt, damit sich die Anbeter vor Betreten des Heiligtums reinigen konnten. Die in Kupfer gegossenen Figurinen sind offenbar Opfer, die in dem Tempel von den Bergleuten gebracht wurden. Der Widder, eine Midianiterarbeit, ist durchbohrt, so daß er als Amulett an einer Schnur getragen werden konnte. Die Statuette war wahrscheinlich ein Fruchtbarkeitssymbol.

Zentrum der Kupferherstellung gewesen war.

Tal-I-Iblis war um 4100 v. Chr. eine bienenstockartig angelegte Gemeinde von ungefähr 50 rechteckigen, einräumigen Häusern, die meist durch schmale Wege und Höfe voneinander getrennt waren. Die Häuser bestanden aus sonnengetrockneten ovalen Ziegeln, die oben und unten je eine Reihe daumengroßer Löcher hatten, wahrscheinlich damit der Mörtel besser band. Vielleicht hatten diese Häuser auch offene zweite Stockwerke, wie es bei vielen persischen Häusern noch heute der Fall ist. Die Wände waren sowohl innen als außen verputzt, und einige waren innen rot oder gelb bemalt.

Das Faszinierendste an diesem Dorf ist aber die offenbare Vertrautheit seiner Bewohner mit dem Wesen und Gebrauch des Feuers. Außer der üblichen Kochstelle gibt es in Tal-I-Iblis auch Überreste eines Ofens zum Brotbacken, eines Töpferofens sowie eine Reihe von Gebrauchsgegenständen, die unmittelbar mit der Kupferverhüttung zusammenhängen. Einer davon ist ein eckiges Tongefäß für zerstoßenes Erz, das man vielleicht direkt über einem Feuer anbrachte, um das Metall zu schmelzen. Noch beeindrukkender sind die vielen Fragmente von Tontiegeln, die noch von den Rückständen des Kupferverhüttungsverfahrens gefärbt sind.

Nach der Zahl der Tiegel und Kupfergegenstände zu urteilen, die man an dieser Stelle fand, verhütteten die Menschen von Tal-I-Iblis weit mehr Kupfer, als sie selbst benötigten. Was geschah mit dem Rest? Offenbar wurde er auf fremden Märkten verkauft. Einige Archäologen nehmen an, daß das Kupfer bis zu den Städten Sumers gelangte, die damals an den Flüssen Euphrat und Tigris in Mesopotamien entstanden.

Gußtechnik. Außer der Kupferverhüttung hatten die alten Schmiede des Nahen Ostens gelernt, wie man geschmolzenes Metall gießt. Natürlich weiß niemand, wie sie diese Entdeckung machten, aber vielleicht verschüttete einer von ihnen geschmolzenes Kupfer, als er es aus einem geschlossenen Ofen nahm, auf einen gepflasterten Fußboden, wo es erhärtete und die Form der Steine annahm. Die ersten bekannten gegossenen Kupfergegenstände entstanden offenbar tatsächlich in besonderen Steinformen.

Die einfachsten dieser Formen waren offen und bestanden nur aus einem Stück, doch es dauerte nicht lange, bis die frühen Schmiede eine geschlossene Gußform entwickelten, die manchmal aus Stein geschlagen, häufiger jedoch aus Ton modelliert wurde. Die Form für die Klinge einer Axt bestand beispielsweise aus zwei zusammengebundenen Hälften, in deren Hohlraum man das geschmolzene Metall gießen konnte.

Dolche, Speerspitzen, Pfeilspitzen, Äxte, Dechsel, Messer und Meißel wurden auf diese Weise hergestellt, und zwar in beträchtlichen Mengen. Man könnte fast sagen, daß sich die Herstellung von Kupfergegenständen infolge der Gußtechnik als ein fester Produktionszweig etablierte. Doch trotz der großen Nachfrage nach diesen Kupferwerkzeugen dauerte es lange, bis sie ihre Vorgänger aus Stein und Knochen ersetzt hatten. Ihre Herstellung war teuer, sie verbogen verhältnismäßig leicht und wurden schnell stumpf. Nur die Reichen konnten es sich leisten, ihren Haushalt mit kostbaren Kupfergeräten auszustatten, Kupferteller und Kupferschüsseln zum Essen und Kupfertassen zum Trinken zu verwenden.

Ein Metall mit glänzender Zukunft. Trotzdem muß das Kupfer eine große Anhängerschaft gefunden haben. Ein Text aus dem Jahre 2000 v. Chr. – ein «Disput» zwischen dem personifizierten Silber und Kupfer – läßt auf die wachsende Bedeutung des Kupfers schließen (die Sumerer liebten Disputationen und fanden nichts dabei, Menschen als Metalle auftreten zu lassen). Bei dem Disput wird das Silber vom Kupfer verhöhnt, weil es nur im Palast zu Hause ist – wegen seiner größeren Seltenheit war das Silber im Altertum manchmal wertvoller als Gold. Das Kupfer erinnert das Silber rücksichtslos an seine Mängel und hält ihm vor:

«Wenn die Bewässerungszeit kommt, schenkst du dem Menschen nicht die stoppellösende Kupferhacke. Wenn der Frühling kommt, schenkst du dem Menschen nicht die pflügenden Dechsel aus Kupfer. Wenn der Winter kommt, schenkst du dem Menschen nicht die Feuerholz schlagende Kupferaxt. Wenn die Erntezeit kommt, schenkst du dem Menschen nicht die getreideschneidende Kupfersichel. Silber, wenn es keinen Palast gäbe, hättest du weder Zuflucht noch Wohnort; allein das Grab, der ‹Ort des Entkommens›, wäre deine Zuflucht. Silber, gäbe es Paläste nicht, gäbe es keinen Platz, für den man dich bestimmte. Gleich einem Gott legst du deine Hand niemals an nützliche Arbeit. Wie kannst du es überhaupt wagen, mich anzugreifen? Geh in deine dunklen Schreine; leg dich in deinen Gräbern zur Ruhe.»

Das Kupfer war offensichtlich ein Metall mit glänzender Zukunft. Und als es dann eine Verbindung mit dem Zinn einging und so die nützliche Legierung Bronze bildete, war ein vollständiges neues Metallzeitalter geboren.

3. Der Einfluß der Bronze

In den Bergen Israels, die das Tote Meer umgeben, entdeckte ein Archäologenteam der Jerusalemer Hebräischen Universität 1961 in einer Höhle, die der Fundhöhle auf Schriftrollen vom Toten Meer gleicht, einen Hinweis auf die erste Verwendung von Bronze durch den Menschen. Die Höhle, der man später den Namen Schatzhöhle gab, ist beinahe unzugänglich. Ihr Eingang liegt ungefähr 200 m hoch an einer steil abfallenden Klippe. Eine Strickleiter, die vom Rand herabgelassen werden muß, ist der einzige Weg, um sie zu erreichen – obgleich es vor 5000 Jahren offenbar einen schmalen Pfad gab, der im Zickzack zu mehreren Quellen am Fuße des Abgrunds hinabführte. Weil die Höhle so schwer zugänglich ist, wurde sie nie von den umherziehenden Beduinenhorden heimgesucht, die heute im Vorderen Orient auf ihrer Suche nach verkaufbaren Altertümern vielfach archäologisch wertvolle Stätten verwüsten.

In alten Zeiten scheint die Schatzhöhle Menschen als Zufluchtsort vor Verfolgungen gedient zu haben. Ihr Boden war übersät von Papyrusfragmenten mit griechischen und hebräischen Schriftzeichen, Topfscherben mit hebräischen Inschriften, Steinlampen, Lederartikeln, Glasstücken und Stofffetzen. Alles datierte auf den Beginn der christlichen Ära zurück. Offensichtlich wurde es dort von Juden zurückgelassen, die im Jahre 70 n. Chr., zur Zeit der Zerstörung der Tempel durch die Römer, aus Jerusalem flohen.

In einer tieferen Schicht gab die Höhle jedoch Anhaltspunkte für andere, weit ältere Bewohner preis – etwa aus dem Jahre 3000 v. Chr. Herdsteine, Töpfe und andere Haushaltsgeräte, Weizen- und Gerstenkörner bezeugten den Überlebenskampf einer anderen Gruppe von Flüchtlingen.

Kupfer und Arsen. Dann legten die Archäologen unter einer Steinplatte den sensationellsten Fund bloß: ein Versteck mit 429 Gegenständen, die in Strohmatten gehüllt waren; bis auf 13 bestanden alle aus einer Legierung von Kupfer und Arsen, die an Bronze erinnerte. Die Art der Gegenstände läßt vermuten, daß sie ursprünglich wohl in einen Tempel oder Reliquienschrein gehörten. Unter ihnen befinden sich zehn Kronen und 240 sorgfältig

Bronzegefäße, die man in Jugoslawien und Norditalien fand, liefern seltene Einblicke in das Leben, das die Mitteleuropäer des 6. Jahrhunderts v. Chr. führten. Sie werden nach dem lateinischen Wort für Eimer = Situla genannt. Diese Situla aus Bronze ist mit drei Reliefszenen geschmückt. Sie zeigen, von oben, Männer, die Pferde führen, ein Festmahl sowie einen Löwen, der ein Reh verfolgt (s. a. S. 46/47).

verzierte Keulenspitzen, Meißel und Äxte verschiedener Formen und Größen sowie eine große Zahl stabähnlicher Gegenstände, die vielleicht bei Prozessionen getragen wurden. Wenn die Eigentümer diesen Schatz in die Höhle brachten, um ihn dort vielleicht sicher zu wissen, während ihrer Siedlung Gefahr von Aggressoren drohte, lebten sie offensichtlich nicht lange genug, um ihn wiederzuholen.

Abgesehen davon, daß der Fund Aufschluß über die Menschen jener Zeit gibt, markieren die Gegenstände selbst einen Wendepunkt in der Geschichte der Metallurgie. Bronze ist ein härteres Metall als Kupfer und hat einen viel größeren Anwendungsbereich. Heute besteht Bronze meist aus einer Legierung von Kupfer und Zinn; der Zinngehalt schwankt zwischen mindestens 3 % (Weichbronze) und 25 % bei sogenannten Glockenmetallen. In alten Zeiten bestand die erste Bronze aus Kupfer und Arsen, und diese Tatsache erklärt bereits, wie man die Metallegierung wahrscheinlich entdeckte.

Zwei wichtige metallurgische Prinzipien bilden die Grundlage dieser Entwicklung. Erstens läßt sich reines Kupfer nicht gut gießen; es neigt dazu, Blasen zu bilden, die den fertigen Guß schwächen. Zweitens gibt es kein reines Kupfererz; alle Kupfererze enthalten mehr oder minder starke Spuren von anderen Elementen. Die häufigsten dieser Begleiter sind Eisen, Arsen, Antimon, Blei, Nickel und Wismut – und jeder führt zu einer anderen Kupferqualität. Winzige Wismutmengen beispielsweise machen Kupfer brüchig, während große Bleizusätze es weich machen. Arsenbeimengungen dagegen verringern die Absorption der Gase, die den Kupferguß porös machen – und gewährleisten auf diese Weise ein besseres Endprodukt.

3500 v. Chr. könnte ein aufmerksamer Schmied solche Dinge bemerkt haben. Er hätte zwar nicht gewußt, weshalb sich einige Kupfererze von anderen unterscheiden, aber er hätte trotzdem beschlossen, die Erze zu benutzen, die einen besseren Guß lieferten. Die ersten Bronzelegierungen waren also nicht vom Menschen bewußt geschaffene Mischungen, sondern natürliche Metallegierungen. Und die am häufigsten verwendete Legierung bestand aus Kupfer und Arsen, nicht nur wegen ihrer besseren Qualität, sondern auch weil es fast überall im Nahen Osten Erze gab, die Kupfer und Arsen enthielten. Als die Schmiede des Nahen Ostens die Vorzüge des Zinns entdeckten, stellte sich zugleich ein Mangel heraus: Im Nahen Osten gab es nur geringe Zinnvorkommen.

Zinnbronzen. Der genaue Zeitpunkt, an dem Bronze aus Kupfer-Arsen-Legierungen unbeliebt wurden, ist ein Geheimnis, den Grund kann man sich aber unschwer vorstellen. Die giftigen Dämpfe, die beim Verhüttungsprozeß von Kupfer-Arsen-Erzen entstanden, müssen den Tod so manch eines Schmiedes verursacht haben. Vielleicht wurden deshalb die fertiggestellten Gegenstände ebenfalls verdächtig und deshalb durch andere ersetzt.

Zinnbronzen ersetzten auch aus anderen, praktischen Gründen die Arsenbronzen. Erstens variiert der Arsengehalt in Kupfererzen beträchtlich und ist bei äußerem Betrachten nicht erkennbar. Der unterschiedliche Arsengehalt der Erze muß den frühen Schmieden Kopfzerbrechen bereitet haben. Gleichzeitig haben die Vorzüge der Kupfer-Arsen-Legierung gegenüber dem relativ reinen Kupfer die Metallschmiede wahrscheinlich zu Experimenten mit den verschiedensten Beimengungen angespornt. Zuletzt erwies sich ein Zusatz – das Zinn – als überragend.

Bronzen aus Kupfer und Zinn sind härter und nicht so brüchig wie Bronzen aus Kupfer und Arsen. Auf der Härteskala der Metalle hat Bronze mit einem Zinngehalt von rund zehn Prozent einen Härtewert von 90, wenn sie gegossen wird, und diese Härte kann durch Hämmern auf 228 vergrößert werden. Reines Kupfer hat im Vergleich dazu eine Härte von 50, wenn es gegossen, und von 128, wenn es gehämmert wird. Kupfer-Zinn-Legierungen können übrigens fast die Härte von weichem Stahl erreichen und verschafften den Schmieden ein Arbeitsmaterial, das weit dauerhafter war als Kupfer oder Stein. Bronze konnte außerdem neu bearbeitet werden, wenn sie verbogen oder verbeult war, und Äxte oder Messer aus Bronze ließen sich leicht schärfen. Bronzene Dechsel, Meißel, Hämmer und Pfrieme revolutionierten bald das Zimmermannshandwerk, und die Reichen wetteiferten miteinander um den Besitz bronzener Gefäße und Waffen zur Ausstattung ihres Haushalts und ihrer Wächter – und um sie nach dem Tode mit ins Grab zu nehmen.

Bronze in Gräbern. Seit 3000 v. Chr. wurden die Herrscher überall im Vorderen Orient mit Gegenständen aus Bronze, Gold und Silber beigesetzt. Eine der reichsten Ruhestätten sind die Königsgräber von Ur, am Unterlauf des Euphrat, wo die herrschenden Familien Sumers im dritten vorchristlichen Jahrtausend unter schrecklichen Bestattungsriten zur Ruhe gelegt wurden. Wenn ein sumerischer König starb, war das Schicksal der meisten Menschen, die ihm gedient hatten, besiegelt. Soldaten in Uniform, Hofdamen in ihren schönsten Roben, Dienstboten, Fahrer mit Ochsenkarren, Musiker mit Harfen und Leiern begleiteten den Leichnam des Herrschers ins Grab und tranken auf ein Zeichen einen Schluck Gift. In einem Grab bezeugen die Gebeine von 60 Frauen und Männern diesen Brauch.

Die Bronzegegenstände, die man in den Königsgräbern von Ur fand, sind beeindruckende Beispiele der Kunst des Metallarbeiters. Sie sind aber auch deshalb wichtig, weil sie aus echter Bronze, das heißt aus einer von Menschen geschaffenen Legierung von Kupfer und Zinn bestehen; sie enthalten zwischen 10 und 15 Prozent Zinn.

Das Vorhandensein dieser Bronze in den Gräbern von Ur wirft eine interessante Frage auf. Es gibt im Vorderen Orient kein Zinn, und nichts läßt darauf schließen, daß die Handelswege im dritten Jahrtausend vor Christi

Ein Adeliger fächelt sich Luft zu. Zwei Männer kämpfen um einen federgeschmückten Helm. Ein Diener bietet einem Bankettgast Essen an. Reliefausschnitte aus europäischen Situlen (s. a. S. 42).

von Sumer bis nach Böhmen und Ungarn reichten, woher spätere Schmiedegenerationen des Orients ihren Metallvorrat bezogen. Woher kam das in Ur benutzte Zinn also? Einige Archäologen glauben, es habe einst im Zagros-Gebirge am Ostrand der mesopotamischen Ebene einheimische Zinnvorkommen gegeben – Vorkommen, die heute erschöpft sind, so wie es vor 1849 in den kalifornischen Flußbetten zahllose Goldkörner gab. Andere denken, daß die Zinnvorräte für die Bronzen von Ur tatsächlich aus Europa stammten und daß bereits 2500 v. Chr. Handelsbeziehungen zwischen Mesopotamien und Mitteleuropa bestanden. Wieder andere sind der Meinung, das Zinn sei von den Südhängen des Kaukasus, aus dem heutigen Armenien, gekommen – und diese Erklärung scheint am wahrscheinlichsten zu sein.

Zinn-Import – Bronze-Export. Das kaukasische Hochland, das den Sumerern als Kupferquelle bekannt war, besaß auch reiche Zinnvorkommen. Außerdem gibt es Beweise für einen Handel zwischen Sumer und dem Kaukasus. Einige Gräber von Ur enthalten nämlich kaukasische Nadeln mit flachen, spatenförmigen Spitzen, die zur Befestigung von Kleidungsstücken dienten. Es ist logisch, wenn man annimmt, daß kaukasisches Zinn zusammen mit anderen Handelsgütern nach Süden kam, vielleicht verhüttet in der bequemen Form von Bronzebarren – die Kaukasier leisteten nämlich nicht nur als Bergleute, sondern auch als Hüttenarbeiter Hervorragendes. Man hat sogar vermutet, daß diese Bergbewohner die Bronze aus Kupfer und Zinn erfanden, eine Theorie, die auf der Tatsache beruht, daß Malachit und Kassiterit, die beiden wichtigsten Kupfer- bzw. Zinnerze, im Kaukasus oft zusammen vorkommen und vielleicht von irgendeinem kaukasischen Schmied zufällig zusammen eingeschmolzen wurden, wobei sie Bronze ergaben.

Ur stand in seinem Zinnbedarf selbstverständlich nicht allein. In den anderen Stadtstaaten Sumers und des Vorderen Orients sorgten autokratische Fürsten dafür, daß ihre Schmiede dauernd vollbeschäftigt waren. Die Bronzen von Susa, der Hauptstadt des mächtigen elamitischen Königreichs am Ostrand der mesopotamischen Ebene, waren für ihre stilistische Originalität bekannt. Die königlichen Gräber der vor-hethitischen Herrscher von Alaça Hüyük in Zentralanatolien sind reich an metallenen Beigaben, darunter fein gearbeiteten Bronzehirschen. Und an der Westküste Anatoliens stieß der deutsche Archäologe Heinrich Schliemann im 19. Jahrhundert bei seiner Ausgrabung Trojas in der zweiten Stadtschicht auf einen Schatz, der auf das Jahr 2400 v. Chr. zu datieren ist. Neben Gegenständen aus Gold, Silber und Kupfer enthielt der Fund zahlreiche bronzene Gefäße und Waffen mit Intarsien aus Lapislazuli, Bernstein und Elfenbein.

Daß es im Vorderen Orient, wo Zinnvorkommen so selten sind, so viel Bronze gibt, weist auf die steigende Bedeutung des Handels hin – eines Handels, der die Kaufleute des Vorderen Orients zu den unbekannten

Welten der westlichen Mittelmeerländer und auf dem Wasserweg der Donau bis ins Herz Europas brachte.

Gegen 2000 v. Chr. reichte dieses Handelsnetz von Afghanistan im Osten bis nach Spanien, Sizilien und Sardinien im Westen, und im Norden lief es bis zu den Küsten der Ostsee durch Europa. Archäologen fanden ägyptische Fayence-Perlen in Gräbern bei Odessa, in einem alten Friedhof in Ostrumänien, in Siedlungen an der Weichsel in Polen und der Ukraine sowie in Gräbern bei Wien. Vor einigen Jahren entdeckte man unter einem Stein in den litauischen Wäldern die kleine Bronzefigur eines Mannes. Der Mann trägt einen spitzen Hut und schreitet mit erhobenem rechten Arm aus – ein Import aus dem Vorderen Orient, etwa 2400 km weiter südlich! Die Figur wurde um 1400 v. Chr. nach Litauen gebracht, möglicherweise als Tauschobjekt für den als Schmuck begehrten Bernstein aus der Ostsee.

In dieser blühenden Handelswelt spielte das Zinn eine wichtige Rolle. Die Kaufleute Syriens und der mesopotamischen und anatolischen Stadtstaaten hatten Kunden, die viel Metall brauchten, und knüpften deshalb Handelsbeziehungen mit den Bergbauzentren Zyperns, Spaniens und Böhmens an. Dort beeinflußten sie die Einheimischen und wurden wiederum von diesen beeinflußt. Durch solche Kontakte und durch die europäischen Schmiede selbst kam die Bronzezeit schließlich nach Europa. In den Händen der Europäer nahm die Bronze bestimmte Merkmale an – und wie sie das Metall für die eigenen Zwecke formten, so formte das Metall sie.

Wanderschmiede in Europa = Glockenbecher-Leute. Zu den ersten europäischen Metallbearbeitern gehörten die Glockenbecher-Leute, die man nach den charakteristischen glockenförmigen Tontassen benannte, die sie ihren Toten ins Grab mitgaben. Sie waren Kaufleute und Händler und zogen um 2500 v. Chr. durch ganz Europa. Niemand weiß mit Sicherheit, woher sie stammen, wahrscheinlich aber aus Spanien. Sie waren ausgezeichnete Töpfer und Schmiede, und obgleich sie keine Bronze benutzten, wußten ihre Schmiede, wie man Kupfer verhüttet und gießt. Wohin die Glockenbecher-Schmiede auch kamen, überall arbeiteten sie als Kesselschmiede, machten Messer, Speerspitzen, Hämmer und Äxte für die Bewohner der Gebiete, die sie durchquerten. Manchmal ließen sie Erdverstecke mit Erz und fertigen Gegenständen zurück, in der Absicht, sie später gewinnbringend wieder auszugraben, wenn sie denselben Weg noch einmal zurückkamen.

Die Glockenbecher-Leute gelangten im Osten bis nach Polen und im Norden bis nach Skandinavien und zu den Britischen Inseln, wo sie eine der frühen Versionen von Stonehenge erbauten. Sie vermischten sich mit den Einheimischen, denen sie begegneten, und ihre Überreste tauchten zusammen mit ihren Bechern und anderen charakteristischen Artefakten in den Gräbern von Volksgruppen auf, mit denen sie überhaupt nicht verwandt waren. Die Glockenbecher-Leute schafften eine Verbindung zwischen den

In einer Höhle am Toten Meer entdeckten Archäologen 1961 einen 5000 Jahre alten Schatz von Metallgegenständen. Bis heute weiß man nicht, wer die Eigentümer dieser 400 Gegenstände waren, die bis auf 13 alle aus Kupfer-Arsen-Bronze hergestellt sind. Rechts sieht man einen Teil des Schatzes genauso, wie man ihn fand, immer noch in Strohmatten gewickelt. Der mit roh modellierten Vögeln und spindelartigen Ornamenten geschmückte Gegenstand rechts oben gehört zu den zehn «Kronen».

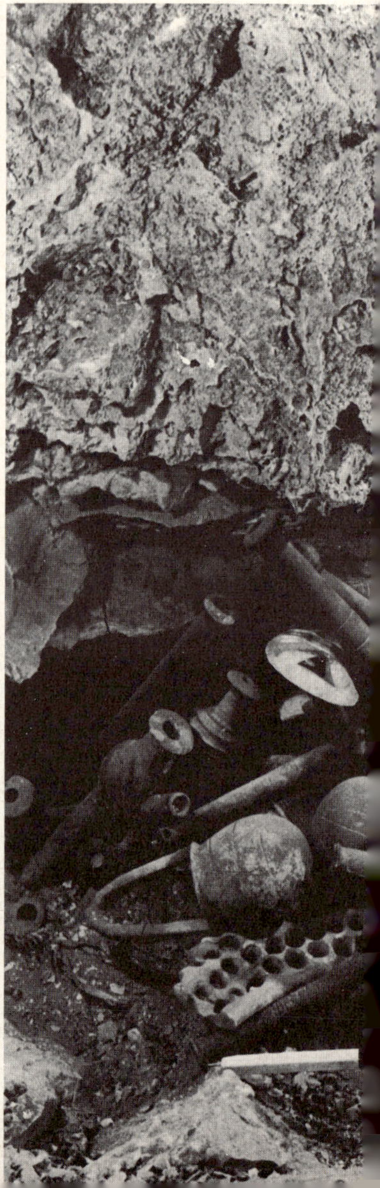

Diese 1,20 m hohe Statue der Elamiterkönigin Napir-Asu stammt aus dem zweiten vorschristlichen Jahrtausend. Sie gilt als eine der schönsten Bronzearbeiten der Frühzeit. Durch Benutzung des Gusses in verlorener Form konnte der Künstler den Einzelheiten besondere Beachtung schenken. Das sieht man an den sorgsam modellierten Händen und dem feinen Muster der Kleidung (Ausschnittsvergrößerung auf der rechten Seite). Eine Inschrift auf dem Sockel der Statue drohte demjenigen mit einem Unglück, der die Figur verstümmelte. Trotzdem fehlt ihr Kopf.

verschiedenen Bewohnern Europas, verbreiteten überall das Wissen von Metallen und bereiteten Europa damit wirklich auf das neue Zeitalter vor, das jetzt anbrechen sollte.

Die Aunjetitz-Leute. Irgendwann um 1800 v. Chr. waren die Glockenbecher-Leute von der einheimischen Bevölkerung vollkommen assimiliert worden, und eine andere Kulturgruppe lieferte den Hauptbeitrag für die entstehende europäische Bronzezeit: die Aunjetitz-Kultur, die ihren Namen nach dem Dorf Unetiče bei Prag erhielt, wo man eine große Menge ihrer Metallartefakte fand. Von den Karpaten aus gelangte diese Gruppe in die fruchtbaren Täler Böhmens, Mährens, Schlesiens, Sachsens, Bayerns und des Rheinlands. Im Gegensatz zu den Glockenbecher-Leuten führten die

Aunjetitz-Leute ein ziemlich seßhaftes Leben. Sie waren im wesentlichen Bauern; sie lebten in kleinen Dörfern, die von Feldern und Weiden umgeben waren und von Dorfältesten und Häuptlingen gelenkt wurden. Aber sie kannten Metalle, wußten, wie man sie verhüttet und gießt, denn die Berge Böhmens und der Karpaten sind reich an Kupfer, Zinn und Gold. Der Schmied war in der Aunjetitz-Kultur ein echter Spezialist: Er gehörte in einer Gesellschaft von Ackerbauern zu den wenigen, die keine Feldarbeit zu verrichten brauchten.

Auf der Grundlage ihrer Vertrautheit mit Metallen errichteten die Aunjetitz-Leute eine Bronzeindustrie. Angestachelt wurden sie teilweise durch die

Lage ihrer Siedlungen, die sie an Handelsknotenpunkten erbaut hatten. Einer der wichtigsten Handelswege der Frühzeit führte von der Adriaküste über den Brennerpaß, durchquerte das Aunjetitz-Gebiet und lief dann weiter zur Bernsteinküste der Ostsee. Ein anderer Weg folgte der Donau bis nach Böhmen, durchquerte dann Europa bis zum Atlantik und zu den Britischen Inseln, der Quelle von Cornwall-Kupfer, Zinn und irischem Gold. Es ist sehr wahrscheinlich, daß fahrende Händler die Geheimnisse der Bronze in die Aunjetitz-Kultur einführten; und bestimmt verschafften sie ihr einen ganz neuen Markt für Metallwaren und ein Repertoire von Waffen, Werkzeugen und Schmuckstücken, die sie kopieren konnten. Bronzene Nadeln, Ringe

Gerade Nadeln mit unterschiedlichen Verzierungen sorgten für korrekten Sitz der Gewänder der Bronzezeit in Europa. Als ein Handwerker den Einfall hatte, solche Nadeln nach hinten zu biegen und ein Ende mit einem Haken zu sichern, war der Prototyp der Sicherheitsnadel erfunden.

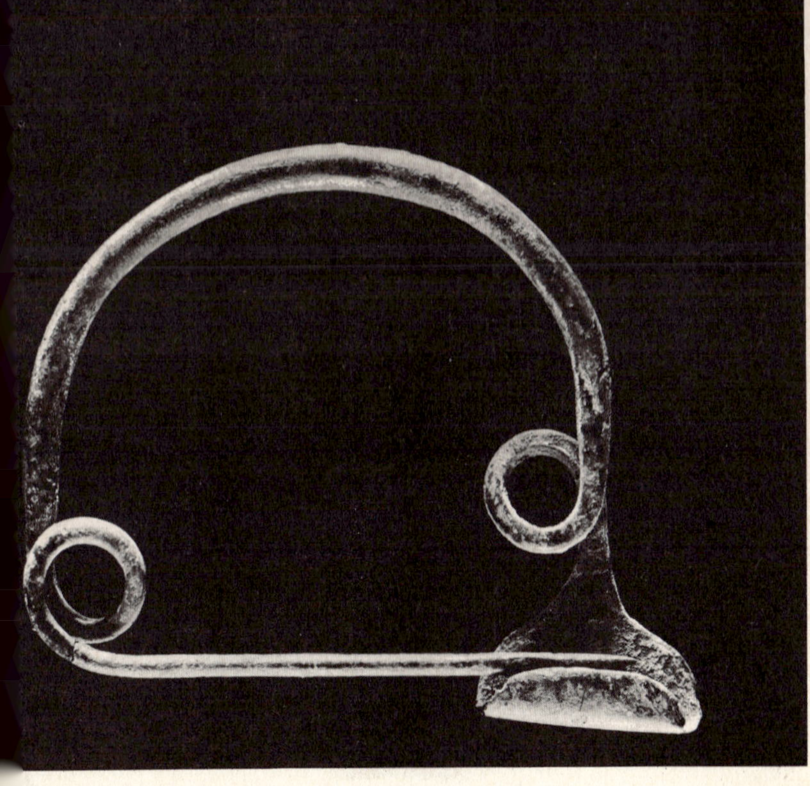

und Ornamente aus der Aunjetitz-Kultur haben den gleichen Stil wie die entsprechenden Gegenstände aus Sumer, Troja und Zypern. Ein bestimmtes Erzeugnis, ein gedrehter Halsreif, der den in Syrien gefundenen Typen ähnelt, wurde von den Aunjetitz-Schmieden übrigens so oft hergestellt und so weit verbreitet, daß er zu einer Art Zahlungsmittel wurde. Bronzereife wurden gegen Fayence-Perlen, Bernstein, Gold, Pelze und ähnliche Handelsgüter getauscht.

Doch die Händler des Vorderen Orients waren keineswegs die einzigen Kunden der Aunjetitz-Schmiede. Man hat ihre Nadeln in Gräbern des englischen Wessex gefunden, und ihre Streitäxte tauchen sogar in Schweden auf. Außerdem waren die Aunjetitz-Schmiede zwar vielleicht nicht so geschickt wie ihre Kollegen aus dem Vorderen Orient, aber sie waren auch längst nicht so konservativ. Während die orientalischen Schmiede über Jahrhunderte und sogar Jahrtausende fortfuhren, die gleichen Werkzeuge und Waffen herzustellen, waren die Aunjetitz-Schmiede für neue Ideen empfänglich. Sobald sie etwas sahen, das ihnen gefiel, eigneten sie es sich schnell an. Aus Irland übernahmen sie zum Beispiel die Hellebarde, eine Art Dolchstab, eine außergewöhnlich wirkungsvolle Stoßwaffe. Der Typ der Aunjetitz-Hellebarde kam bis nach Mykenä, wo einige dieser Waffen in Gräbern entdeckt worden sind.

Außer bei der Aneignung guter Ideen waren die Aunjetitz-Leute auch sehr geschickt, wenn es darum ging, Verarbeitungstechniken und Werkzeugkonstruktionen zu verbessern. Eines ihrer erfolgreichsten Werkzeuge war ein geflanschtes Randleistenbeil mit vorspringenden Kanten. Der Flansch diente dazu, die Klinge zu verstärken und leichter auf dem Griff anbringen zu können. Die Aunjetitz-Leute nahmen die verstärkten Kanten in die Formen auf, mit denen sie ihre Beile gossen. Indem sie den Flansch gossen, statt ihn nachträglich zu hämmern, standardisierten sie das Produkt, beschleunigten seine Herstellung und machten es einem viel breiteren Kundenstamm, wenn auch nicht «dem kleinen Mann», zugänglich. Könige und Häuptlinge waren zwar auch weiterhin die Hauptkunden der Schmiede, doch gelegentlich konnten sich auch gewöhnliche Europäer ihre Dienste leisten. Während ägyptische Bauern zum Beispiel immer noch das Korn mit Steinsicheln ernteten, mähten Bauern der Aunjetitz-Kultur bereits mit Bronzeklingen.

Hügelgräber-Bronzezeit. Metallurgie und Handel machten die Aunjetitz-Leute reich und änderten ihren Lebensstil. Um 1500 v. Chr. hatten sich viele ihrer Bauerndörfer in befestigte Städte verwandelt, die auf Erhebungen lagen und von Gräbern und Wällen umgeben waren, damit man sie besser gegen Plünderer verteidigen konnte. Und das Leben in diesen Städten wurde umsichtiger organisiert. Der Häuptling und sein Ältestenrat überwachten nun außer dem Ackerbau und der Herdenhaltung auch den Handel.

Ein gedrehter Bronzereif (oben) und Spiralen-Armreifen (unten) zierten europäische Aristokraten der Bronzezeit. Die elastische Eigenschaft des Metalls erleichterte die Herstellung solcher Schmuckstücke, die von ihren Trägern leicht über- und abgestreift werden konnten.

Spiralen-Armreifen aus Europa (Bronzezeit).

Ein Teil dieser Verantwortung betraf wahrscheinlich die Lagerung und Vorratshaltung der für den Verkauf bestimmten Metallwaren der Siedlung – eine Art Bankbetrieb.

Der Luxus, dessen sich die Führer erfreuten, erreichte bei weitem nicht den Standard des orientalischen Adels. Trotzdem lebten sie offensichtlich ein gut Teil besser als einige ihrer europäischen Nachbarn. An verschiedenen Fundorten der Aunjetitz-Kultur haben Archäologen Stricknadeln ausgegraben, und an einem Platz entdeckten sie die Überreste eines ausgeklügelten Webstuhls. Sie fanden sogar Spuren der Stoffe, die vielleicht darauf gewebt wurden: eine Mischung aus Wolle und Leinen. Eine getöpferte Presse, mit der man offenbar Quark von Molke trennte, weist auf die Herstellung von Käse hin, und die Knochen von domestizierten Tieren, die auf Höfen ausgegraben wurden, zeigen, daß Aunjetitz-Bauern neben Schafen und Rindern

nicht selten auch Schweine und Pferde züchteten.

Um 1500 v. Chr. war die Aunjetitz-Kultur vorherrschend. Ihr Einfluß erstreckte sich über ein riesiges Gebiet – vom Rhein bis zum Dnjepr in der Ukraine –, und ihre Errungenschaften brachten sie in Berührung mit anderen Völkern, von denen sie neue kulturelle Merkmale, darunter einen neuen Bestattungsritus, übernahm. Statt unter der Erde begraben zu werden, wie es seit langem Brauch gewesen war, wurden die Toten – vor allem der Oberklasse – jetzt auf den Erdboden gelegt und mit Haufen von Steinen und Erde bedeckt. Ein Grab dieser Art nennt man Hügelgrab, und deshalb spricht man bei dieser Periode, in der die Menschen solche Erdwerke bauten, von der Hügelgräber-Bronzezeit.

Die Hügelgräber-Bronzezeit dauerte lediglich 200 Jahre – von etwa 1450 bis 1250 v. Chr. Obgleich man von Frankreich bis Polen Hügelgräber findet, ist die Kultur der Hügelgräber-Bronzezeit noch heute von einem Geheimnis umgeben. Einige Archäologen glauben, die Menschen seien vielleicht Sonnenanbeter gewesen, eine Theorie, die auf der Kreuzform einiger der Ornamente beruht, die man unter den Grabbeigaben fand. Und es ist zu vermuten, daß die wichtigeren Mitglieder der Gesellschaft mit aufwendigen Feierlichkeiten in das Leben nach dem Tod geleitet wurden.

Bei Fürsten konnten diese Riten tagelang dauern – das beweisen die dicken Ablagerungen von Fliegenlarven, die man über den Überresten der Skelette fand. In Fackeln wurde Weihrauch verbrannt, vielleicht um die Leichengerüche zu überdecken, und außerdem verbrannte man Opfertiere. Es gibt Indizien, die darauf hinweisen, daß bei seltenen Gelegenheiten möglicherweise auch die Frau und die Kinder des gestorbenen Fürsten geopfert wurden.

Die Gräber enthalten eine Fülle von Bronzegegenständen, die zeigen, daß die Menschen der Hügelgräber-Kultur vom Wissen der Schmiede der Aunjetitz-Kultur profitiert hatten. Damen wurden mit Bronzediademen und einer Menge Bronzenadeln bestattet, die mit eingravierten und filigrangeschmückten Spitzen verziert waren; zu ihren Grabbeigaben gehörten außerdem bronzene Finger- und Zehenringe, Bronzegürtel mit feinen geometrischen Mustern, getriebene Brustplatten aus Bronze und bronzene Armreife, die spiralförmig vom Handgelenk bis zum Ellbogen reichten.

Die Fürsten schmückte man ähnlich und begrub sie mit bronzenen Dolchen, Degen, Äxten und Schwertern der verschiedensten Klingenlänge und Form. Einige dieser Waffen waren lang, andere wiederum waren kurz und dick und in der Mitte durch zusätzliche Rippen verstärkt. Die Griffe oder Knäufe waren manchmal aufgenietet, manchmal mit der Klinge zusammen in einem Stück gegossen, und dann und wann wurde ein besonders kunstvoll gearbeiteter Schwertknauf sogar noch mit zusätzlichen Intarsien aus Gold oder kostbaren Steinen verziert.

Der kriegerische Charakter dieser Gegenstände unterstreicht neben dem Fortschritt der Metallurgie auch eine fortgeschrittene Kriegskunst. Die Schmiede der Hügelgräber-Kultur ermöglichten eine bedeutend verbesserte Waffenwirkung; sie entwickelten Bronzespitzen für Speere und Pfeile, die bald die üblicheren Spitzen aus Feuerstein verdrängt hatten. Die Bronzespitze war strapazierfähiger als Stein und stellte darüber hinaus auch eine Konstruktionsverbesserung dar. Das stumpfe Ende der Spitze wurde hohl gegossen, damit der Speerschaft hineinpaßte, und die Öffnung selbst war außerdem innen geriffelt, um den Schaft besser zu halten.

Der Krieg gehörte zum Leben der Urnenfelder-Leute. Um 1250 v. Chr. begann in Europa abermals ein Wechsel der Bestattungsbräuche, der das Erscheinen einer anderen Kultur signalisiert. Die Leichen wurden verbrannt und ihre Asche in Urnen auf dichtbesetzten Friedhöfen begraben –

einer dieser Friedhöfe beherbergt nicht weniger als 1800 Urnen. Aus dieser Gewohnheit leitet sich die anschauliche Bezeichnung Urnenfelder-Leute ab. Ein Mittelpunkt ihrer Kultur lag in Osteuropa, im heutigen Polen und der Tschechoslowakei.

Angehörige der Urnenfelder-Kultur wurden als Vorfahren der Kelten in Westeuropa, der Etrusker und Römer auf der italienischen Halbinsel, der Phrygier und Illyrer identifiziert, die vom Balkan kamen und den räuberischen Seevölkern der Mittelmeerwelt halfen, die Hochkulturen der Ägäis und des Vorderen Orients anzugreifen und zu vernichten. Vielleicht waren sie all das. Zumindest drückten sie all diesen Völkern ihren unverkennbaren Stempel auf, während sie sich in fast ganz Europa verbreiteten.

Diese Vermischung scheint allerdings oft zu Gewalttätigkeiten geführt zu haben. Die Urnenfelder-Kultur war gekennzeichnet durch häufige Kriege, höchstwahrscheinlich wegen Landstreitigkeiten, vielleicht aber auch wegen religiöser Unterschiede. (Eine weitere Änderung der Bestattungsbräuche weist auf andere Götter oder wenigstens ein anderes religiöses Dogma hin.) Als die Bevölkerung Europas wuchs, wurde der Kampf um Nahrung intensiver, und man stritt sich zweifellos immer häufiger um das beste Land; es scheint, als hätten sich die Europäer bereits 1200 v. Chr. Sorgen um ihren Lebensraum gemacht. Doch was auch immer der Grund war, bei den Urnenfelder-Leuten gehörte der Krieg zu den unumstößlichen Tatsachen des Lebens, und die Menschen begannen, sich in befestigten Orten zu sammeln.

Das berühmteste Beispiel einer Urnenfelder-Siedlung – komplett mit einer Vielzahl metallener Gebrauchsgegenstände – wurde in den zwanziger Jahren unseres Jahrhunderts in einem Torfmoor auf einer Insel des nordschwäbischen Federsees gefunden. Das Moor hatte die Befestigungen konserviert; sie bestanden aus zwei Palisadenzäunen aus Kiefernpfählen, eine an der Uferseite, die andere etwas weiter draußen im Wasser. Die äußere Palisade war besonders massiv, an manchen Stellen bis 1,20 m dick und 3 m hoch. Die beiden Befestigungsreihen verbanden sieben Brücken, und die äußere Palisade hatte zwei Tore zum See, die durch Wachttürme gesichert waren.

Die Menschen vom Federsee waren hauptsächlich Bauern, aber sie waren wohlhabend genug, um sich Bronzewaren leisten zu können. Am Federsee fanden Archäologen Äxte, Meißel, Speere und Messer aus Bronze, bronzene Armbänder und Nadeln und eine Bronzekette.

Fundorte aus der Urnenfelder-Kultur haben die Archäologen in ganz Europa entdeckt; manchmal beträgt das Gesamtgewicht der an einem einzigen Ort vergrabenen Bronzeschätze Tausende von Kilogramm.

Anfänge des Bergbaus. Um das Metall zu liefern, das man für solche Mengen von Bronzeprodukten benötigte, suchten die Menschen systematischer nach Erzen als jemals zuvor. Als die Oberflächenerze erschöpft waren, mußten sie Schächte in die Erde treiben. Der Bergbau und die dabei geförderten Erze warfen Probleme auf. Erstens sind die Erze unter Tage komplexer als die Erze über Tage; sie enthalten Schwefel, der durch den sogenannten Röstprozeß entfernt werden muß, bevor man das Erz verhütten kann. Dann mußten der Grubenschacht selbst und die Arbeit unter Tage sorgfältig geplant werden. Man benötigte Stützpfeiler, damit Wände und Decke des Stollens nicht einstürzten, und hatte Sorgen mit dem Wasser, das sich sehr häufig in der Grube sammelte.

Eine verbreitete Methode zum Herauslösen von Erz aus einer Grubenwand bestand darin, an dieser Wand ein Feuer anzuzünden und es dann mit kaltem Wasser zu löschen; bei diesem Vorgang wurde das Erz so aufgespalten, daß der Grubenarbeiter mit Hammer und Pickel an die Arbeit gehen konnte.

Das Befeuern der Stollenwände mußte natürlich stattfinden, während die Arbeiter über Tage waren, so daß die Luft in der Grube nicht mehr giftig war, wenn sie wieder einfuhren. Und der ganze Prozeß bedeutete, daß man dauernd für genügende Vorräte an Brennstoff und Wasser sorgen mußte. Letzteres stammte oft aus dem Schachtende, wo sich das Grubenwasser sammeln durfte. Der Brennstoff stammte von den nahen bewaldeten Hängen; selbst bei einem noch so kleinen Bergwerksbetrieb waren die Holzfäller deshalb wichtige Mitglieder der Grubenmannschaft, ohne die kein Erz abgebaut werden konnte.

Der Reichtum des jeweiligen Erzvorkommens bestimmte natürlich Größe und Komplexität des Grubenbetriebes. Einige Vorkommen müssen in der Tat sehr ergiebig gewesen sein. Bei Mitterberg in den österreichischen Alpen gibt es im Umkreis von rund 1 1/2 km nicht weniger als 32 Gruben. Sie alle gehörten zu einer Kupferproduktion, die industriell betrieben wurde und europäische Bronzeschmiede um das Jahr 800 v. Chr. mit etwa 12000 Tonnen verhütteten Kupfers beliefert haben mag. Die Schächte dringen bis zu einer Tiefe von rund 120 m in den Berg. Sie enthielten einst Holzplattformen, an denen Holzschlitten, sogenannte «Hunde», hochgezogen bzw. hinuntergelassen wurden – sie brachten Grubenholz in die Schächte und holten das geförderte Erz heraus. Oben befanden sich Arbeitsstätten, wo man das Erz lagerte und sortierte und es anschließend mit Hämmern oder in steinernen Mühlen pulverisierte. Das pulverisierte Erz wurde in Holztrögen gewaschen, durch die man einen schnellen Gebirgsbach leitete, und dann zu einer Reihe von Röst- und Hochöfen gebracht, die auf einer etwa 13 m langen und 1 1/2 m breiten Steinplattform aufgebaut waren.

Bergwerksexperten sagen, daß für all diese Arbeitsgänge – von der Förderung bis zur Verarbeitung des Erzes – wahrscheinlich etwa 180 Männer in jedem der 32 Bergwerke erforderlich waren. Dabei handelte es sich vermutlich um 40 eigentliche Bergleute, 60 Holzfäller, 20 weitere, die das Erz zum Rösten und Verhütten vorbereiteten und 30, die die Öfen bedienten. Die restlichen 30 Männer betätigten sich als Träger, Wächter und Fahrer der Ochsenkarren, die das gewonnene Kupfer den Berg hinabbrachten. Der größte Teil dieser Belegschaft schlief wahrscheinlich in einem Behelfslager bei der Grube. Ihre eigentlichen Wohnstätten hatten sie jedoch zweifellos in den Bauerndörfern im Tal, und wenn ihre Dienstzeit als Bergmann vorbei war, kehrten sie wahrscheinlich dorthin zurück.

In den Gruben von Mitterberg bestand das Endprodukt aus einem rohen Kuchen verhütteten Kupfers: Diesen brachte man dann dorthin, wo er in Bronzebarren gegossen oder zu Bronzeerzeugnissen verarbeitet wurde. Bei anderen Bergwerken gibt es allerdings Anhaltspunkte für Anlagen, in denen nach der Verhüttung gleich Fertigprodukte hergestellt werden konnten.

Zu einer alten Kupfermine im ungarischen Bezirk Koszeg gehörte auch eine Schmiedewerkstatt. Bei der Ausgrabung fanden Archäologen Metallkuchen und Metallbarren, Bronzereste und die Art von Tondüsen, die zu den Blasebälgen gehörten, mit denen man den Hochofen befeuerte. Sie entdeckten auch die Toneinsätze für Formen, in denen man die Tüllen für Bronzewerkzeuge goß, einen tönernen Schmelztiegel und mehr als 50 Steinformen – die meisten für Keulenspitzen und Gewandnadeln. Zu den alten ungarischen Werkzeugen der Metallbearbeitung gehörten auch Punzen für Punktiermuster, Feilen zum Glätten rauher Kanten sowie Ambosse und Hämmer, mit denen die Schmiede flache Bronzeplatten zu Rüstungen und Helmen trieben.

In der Werkstatt von Koszeg stellte man wahrscheinlich Fertigwaren für fahrende Händler her. Aber das war nicht die einzige Form, in der das verhüttete Metall solche Werkstätten verließ; es wurde manchmal zu Stangen, Reifen und Doppeläxten gegossen. Fahrende Schmiede schmolzen die Stangen dann wieder ein, um Bestellungen wohlhabender Auftraggeber auszuführen, schmückten die Artikel mit Mustern aus ihrem eigenen Repertoire oder nach den Wünschen ihrer Kunden. Einige dieser Wanderschmiede ließen sich nicht selten mehrere Jahre in größeren Dörfern nieder, je nachdem, wie viele Aufträge ihnen die Einheimischen gaben.

Kriegswerkzeuge aus Bronze. Für seine wohlhabenden Auftraggeber schuf der Urnenfelder-Schmied alle möglichen Dinge – von zarten Nadeln bis zu schweren Schwertern, deren Herstellung nicht nur das künstlerische Können, sondern auch das technische Wissen des Schmiedes herausforderte. Er konnte lange Bronzedrähte zu Fibeln drehen, die nach dem Prinzip der heutigen Sicherheitsnadel funktionierten. Er konnte eine Bronzeplatte durch die verschiedensten Hammerschläge so treiben, daß sie auf den Körper einer bestimmten Person paßte. Und er beherrschte die Kunst des Gusses in verlorener Form, die komplizierteste aller Gußtechniken.

Mit solchen Fertigkeiten entwickelte der Urnenfelder-Schmied überlegene und leistungsfähige Werkzeuge aller Art: Bronzeäxte, die stark genug

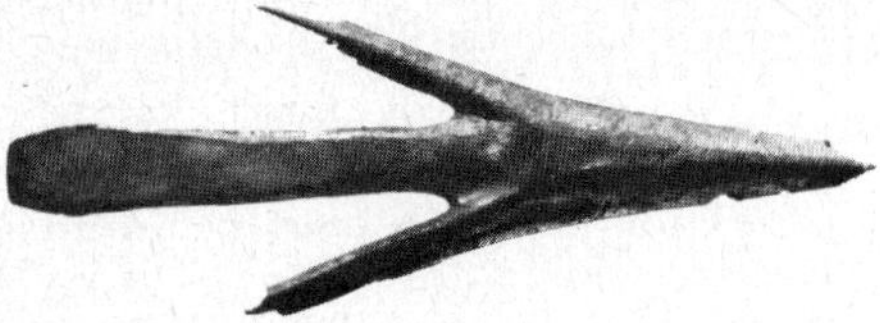

Pfeil- und Speerspitzen aus Metall wie diese Bronzeexemplare aus Mitteleuropa waren haltbarer als Stein und konnten mit Gußformen in Serie produziert werden.

waren, um Bäume zu fällen; bronzene Pflugscharen, die scharf in die Erde schnitten; Pickel und Schlegel aus Bronze, die das Ausbrechen des Erzes erleichterten; bronzene Meißel und Hohlmeißel, mit denen man aus Eichenholz Speichen für Karrenräder formen konnte; Bronzeambosse, auf denen man Bronzebänder zur Befestigung der Speichen in den Radnaben hämmern konnte.

Vor allem schuf er für seine Auftraggeber jedoch hervorragende Waffen. Es ist kein Zufall, daß die europäische Bronzezeit durch Kriegsperioden charakterisiert wird. Mit ihrer Gabe, das Vorhandene zu modernisieren, anzupassen und auszunutzen, machten die Metallarbeiten der Urnenfelder-Kultur und alle, die von ihnen lernten, die Bronze einer viel breiteren Öffentlichkeit zugänglich und verschafften der Menschheit ein gefährliches neues Mittel zum Austragen von Streitigkeiten.

Ob an der ägäischen Küste oder jenseits der Irischen See – wenn sich jetzt die Menschen gegen ihre Feinde wandten, waren sie durch Bronzepanzer geschützt; ihre Pferde wurden durch Trensen und Zaumzeugbeschläge aus Bronze gelenkt, die man in der Donaugegend entwickelt hatte; die Krieger trugen bronzene Speere und Dolche, die ihre Schmiede entworfen hatten, und schwangen vor allem gewaltige scharfe Schwerter, die den Höhepunkt der Kunst eines Bronzeschmiedes der Urnenfelder-Kultur darstellten. Mit seiner schweren Klinge verwandelte das fest in seinem Heft verankerte Schwert der Urnenfelder-Kultur Bauern in Helden, deren Taten von Barden besungen wurden. Metalle veränderten die eigentliche Struktur der menschlichen Gesellschaft, doch erst mit dem Anbruch der Eisenzeit sollten diese neuen Substanzen auch «dem kleinen Mann» unmittelbar zugute kommen.

Mit einer Technik, die man Treiben nennt, lassen sich flache, glatte Metallstücke in Gefäße fast jeder Form verwandeln. Diese Technik wurde um 3000 v. Chr. in Sumer entwickelt. Der Silberschmied Kurt Matzdorf zeigt auf dieser und den folgenden Seiten, wie mit Technik eine Schale hergestellt wird.
Rechts: Der goldene Becher, der in einem sumerischen Grab aus dem Jahre 2500 v. Chr. gefunden wurde, ist ein anderes Beispiel für Gegenstände, die aus einer flachen Platte getrieben wurden. Das Gefäß ist nur 12,5 cm hoch.

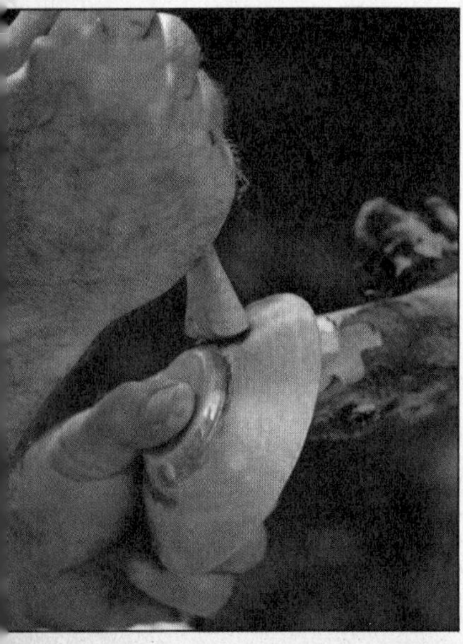

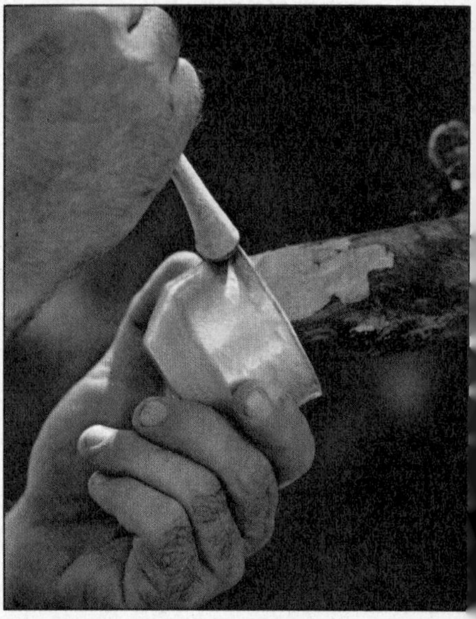

Damit die Schale einen geraden Boden bekommt, hält Matzdorf sie gegen das flache Ende eines schweren Holzpfahls, seines Ambosses. Er hämmert rundum und schafft auf diese Weise einen umlaufenden Knick.
Knapp auf halber Höhe der Schale formt Matzdorf einen zweiten Knick; von dort an gestaltet er den Schalenrand gerade und senkrecht. Ein dritter Knick soll die Schale am oberen Rand nach innen biegen.
Nachdem er das Gefäß ausgeklopft hat, um glatte Rundungen zu erhalten, poliert Matzdorf die Schale außen mit einem feinen, weichen Stein, um Unebenheiten auf der Außenseite zu glätten.
Das abschließende Polieren mit einem Stück harten, glatten Achats hat der Schale strahlenden Glanz verliehen. Durch das Hämmern erhält sie eine ganz leicht facettierte Oberfläche. Das Grundmaterial war eine unbearbeitete Silberplatte.

Geflügelte Stiere auf einem getriebenen Goldpokal, der vor rund 3000 Jahren im Iran gefertigt wurde, ragen etwa ½ cm aus dem Pokal hervor.

Vor der Ausarbeitung des Reliefs versieht Matzdorf die Vertiefungen mit einem erwärmten, gut formbaren Spezialbuch aus Harz, Gips oder Terpentin. Die Schmiede des Altertums benutzten für diesen spezifischen Arbeitsgang richtiges Teerpech.

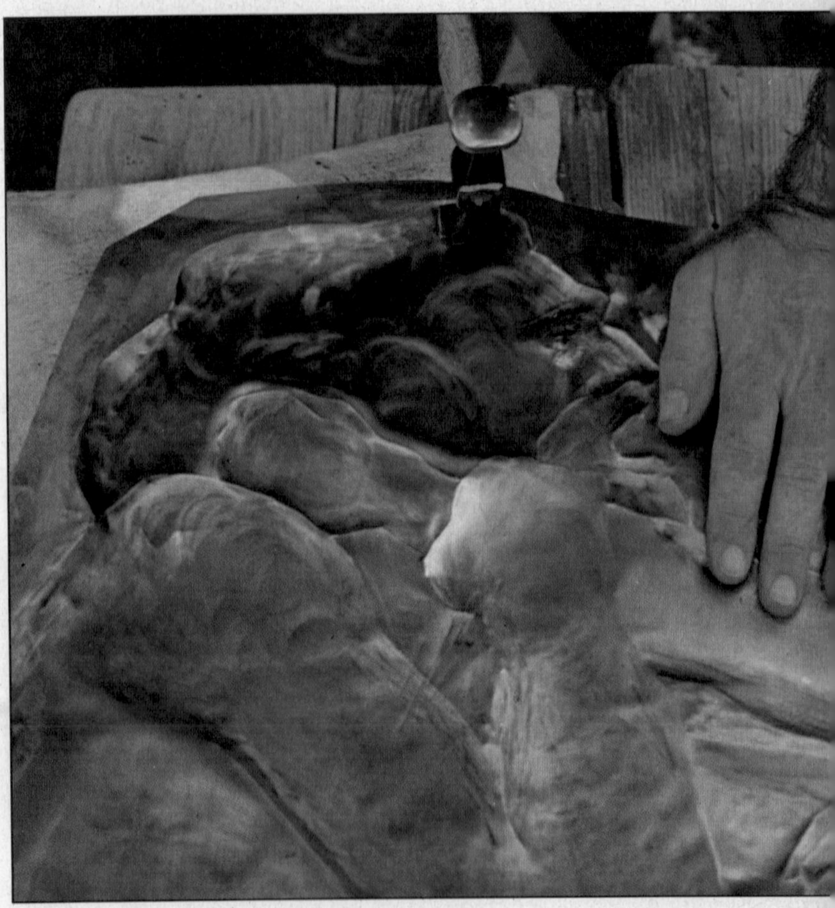

Ein Spezialist für das Prägen ist eigentlich ein Bildhauer. Indem er auf der Rückseite von Platten aus jedem beliebigen Metall Vertiefungen klopft und sie anschließend auf der Vorderseite weiterbearbeitet, kann er Szenen schaffen, die so lebendig und bewegt wie ein Relief wirken, das in Stein gehauen oder in Bronze gegossen wurde.
Die Technik des Prägens ist so alt wie die Arbeit mit Metallen selbst. Die Technik eignet sich ebensogut zur Modellierung großer Objekte wie der bronzenen Wandplatte, die Kurt Matzdorf in der auf diesen Seiten gezeigten Demonstration verziert. Oben: Nach Erhitzen der Bronzeplatte legt Matzdorf sie mit der Außenseite nach unten auf ein Bett von Sandsäcken. Um die Hauptformen der vorher auf das Metall gezeichneten Szene einzuklopfen, benutzt er einen Hammer mit abgerundetem Metallkopf.

Links: Das Feinmodellieren geschieht durch Hämmern auf der Vorderseite der Platte; das Pech in den Vertiefungen der Rückseite verhindert dabei, daß größere geprägte Flächen unter den Hammerschlägen des Schmiedes verbeulen oder gar brüchig werden. Rechts: Um der Relieffigur weitere Einzelheiten und realistische Merkmale zu geben, ziseliert Matzdorf die Einzelheiten auf die Außenfläche des Reliefs, wobei er einen Hammer und Metallpunzen mit verschiedenen Spitzen benutzt.

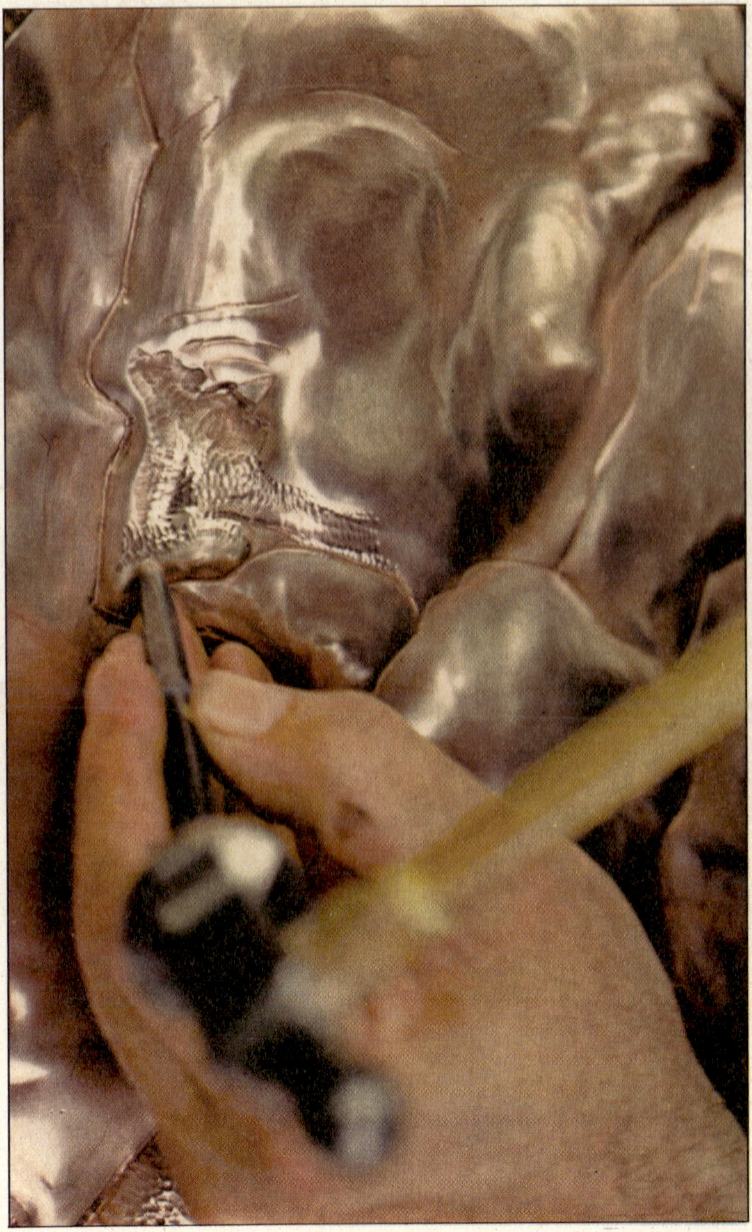

Links: Dieser Bronzehirsch aus den Königsgräbern von Alaça Hüyük in der Türkei scheint auf einem gegabelten Ast zu stehen; in Wirklichkeit sind die Astgabeln Röhren, durch die das flüssige Metall floß. Unten: Um mit dem Guß in verlorener Form eine Brosche zu fertigen, formt ein Silberschmied zunächst aus weichem Wachs einen Model. Der Model wird dann als Kern einer Form aus Gips dienen. Rechts oben: Der Model wird mit einem System von Röhren versehen, die das flüssige Metall aufnehmen und daneben als Ventil für entweichende Gase dienen werden. Die Röhren bestehen aus dunklem Wachs. Rechts unten: Der Wachsmodel wird mit einem offenen Metallzylinder umgeben, und der Schmied gießt Gips hinein, um die Form zu bilden. Die Form erhärtet und wird dann bei 550° C in einem Töpferofen gebrannt; dabei fließt das darin enthaltene Wachs aus.

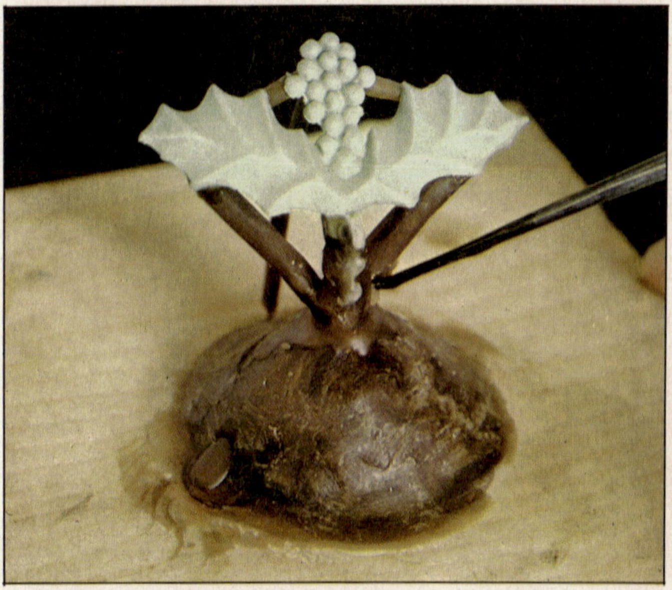

Oben: Der Schmied stellt die Form umgekehrt auf ein Asbestkissen und gießt aus einem von Zangen gehaltenen Tiegel geschmolzenes Silber in die kegelförmige Öffnung, die den unteren Formabschluß bildet. Das flüssige Metall fließt durch die Öffnung in die kleinen Trichter und dann in den Hohlraum, den der Wachsmodel zurückgelassen hat.
Rechts oben: Wenn das Silber abgekühlt ist und sich gesetzt hat, wird die Form in Wasser getaucht und so der Gips aufgelöst. Was zurückbleibt, ist ein unfertig wirkender Gegenstand aus Silber – die Brosche, die noch mit dem System von Röhren und Ventilen versehen ist. Man schneidet diese ab und feilt die rauhe Oberfläche der Brosche glatt.
Rechts unten: Die fertige Brosche glänzt in der Hand des Schmiedes. Der Glanz entsteht durch ein Bad in einer säurehaltigen «Beize», das die von der Form hinterlassenen Unreinheiten auf der Oberfläche entfernt hat, und durch langes Polieren mit einem harten Achatstück.

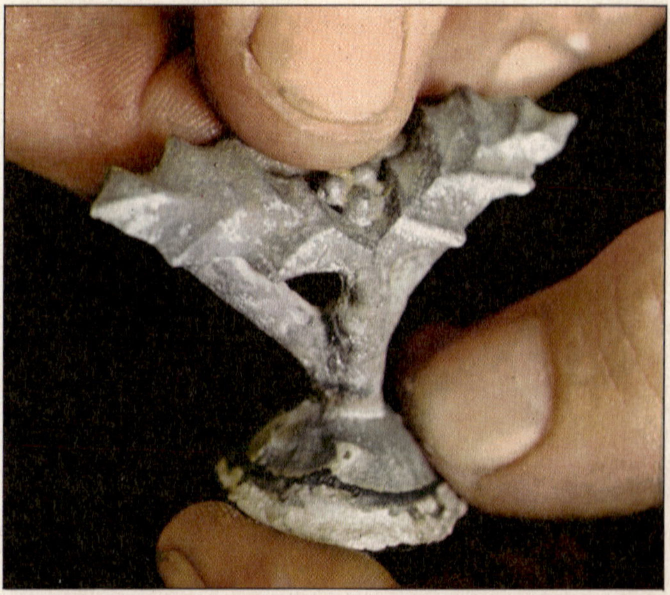

Die Zahl der Künstler und Handwerker, die an den Grabbeigaben für den ägyptischen König Tutenchamun vor etwa 3000 Jahren arbeiteten, ist nicht feststellbar, doch einer von ihnen war der absolute Meister einer Methode der Metallbearbeitung, die heute die unromantische Bezeichnung Granulieren trägt. Zu seinem Beitrag gehören zwei Dolche, deren Heft er mit Diamanten und Zickzackmustern aus winzigen goldenen Kügelchen, kaum größer als Mohnsamen, schmückte (links).
Heute verfügen nur noch ganz wenige Künstler über die Fähigkeit und Geduld, die das Granulieren erfordert. Diese Technik war jahrhundertelang vergessen und wurde erst in den zwanziger Jahren unseres Jahrhunderts wiederentdeckt. Die Goldschmiedin Cornelia Roethel, die zu diesen wenigen gehört, demonstriert hier ihre eigenen Methoden, die sie seit ihrer Jugend angewendet und verfeinert hat. Wie sehr Cornelia Roethels Technik den Verfahren der ägyptischen Schmiede nahekommt, zeigt der von ihr hergestellte Ohrring.

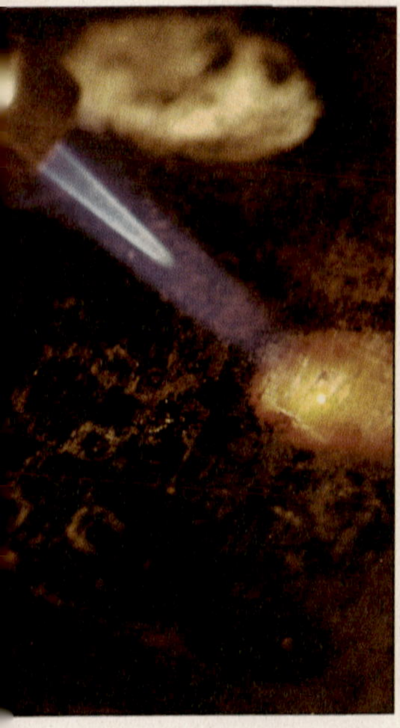

Von einem dünnen Golddraht schneidet Cornelia Roethel etwa 1 mm lange Stückchen ab und läßt sie auf einen Holzkohlenblock fallen. In der intensiven Hitze einer Lötlampe ziehen sich die winzigen Stücke zu vollkommen gerundeten Goldkügelchen zusammen. Mit einem feinen Pinsel aus Zobelhaar und einer Chemikalie malt die Schmiedin ein Muster auf einen zukünftigen Ohrring. Sie bringt ein Kügelchen nach dem anderen auf dem Ohrring an, indem sie die winzigen Gebilde in Abständen erhitzt. Wenn alle Goldkügelchen am richtigen Platz sind, werden sie mehrmals erhitzt und dann mit einer stärkeren Chemikalie bestrichen. Dann wird der Ohrring dem Strahl einer Lötlampe mit einer Temperatur von 650° C ausgesetzt. Dort, wo die Goldkügelchen den Ohrring berühren, schmilzt das Metall.

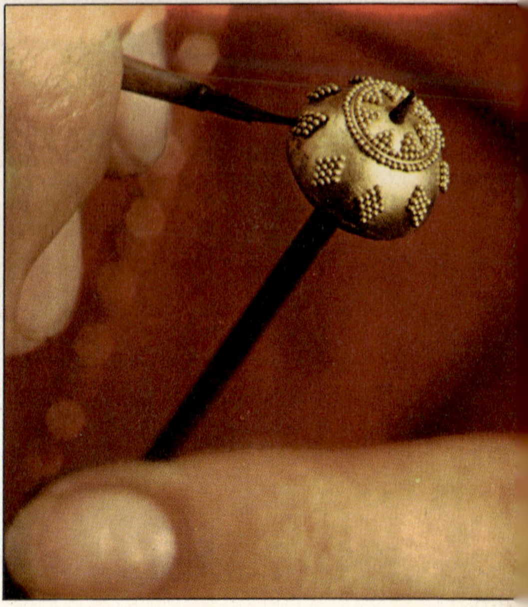

4. Eisen

Von der Spitze eines Hügels, der sich unvermittelt aus der gewellten Ebene Zentralanatoliens erhebt, sind zwei riesige Felsen zu sehen. Sie begrenzen eine tiefe Schlucht, hinter der sich endlose Bergkämme bis zum Horizont erstrecken. In dieser unwirtlichen, windigen Gegend gibt es nur wenige Bäume; auf dem von der Erosion heimgesuchten, steinigen Boden wächst vorwiegend Gras und nur dann und wann niedriges Gesträuch. Doch einst stand auf diesem Hügel eine mächtige Zitadelle, die grimmig die gesamte Ebene überwachte. Große Steinmauern umgaben sie, und hinter diesen Mauern lag eine stolze Stadt aus Tempeln und Palästen, beherrscht von mächtigen Fürsten, deren Macht gefürchtet war und weit über die Grenzen Anatoliens hinwegreichte.

Dreitausend Jahre sind vergangen, seit dort der letzte König lebte. Die erhaltenen Berichte über die Stadt, in Keilschrift auf Tontafeln geritzt, erzählen von den militärischen Eroberungen, den Intrigen, der Staatskunst und dem Ruhm eines Volkes, dessen Existenz noch vor einem Jahrhundert fast unbekannt war, das aber nach unserem heutigen Wissen eindeutig einen Platz unter den dominierenden Mächten seiner Zeit innehatte: den Hethitern.

Die Hethiter waren ein begabtes Volk mit fortschrittlichen Ideen. Ursprünglich Indogermanen, fielen sie um 2000 v. Chr. plötzlich und gewalttätig in Anatolien ein und brachten aus ihrer Heimat irgendwo hinter dem Kaukasus die Fertigkeit mit, Kupfer und Bronze zu schmelzen und zu gießen. Ihre Kultur zwangen sie der bestehenden Zivilisation auf, die bereits eine gutentwickelte metallurgische Technologie besaß. Die Eisenvorkommen Anatoliens ausnutzend, taten sie, wie die Wissenschaftler heute glauben, einen der ersten Schritte auf dem weiten Weg der Verhüttung von Eisenerzen zu Eisen.

Wenn man berücksichtigt, daß die Menschen schon seit etwa 7000 Jahren Metalle kannten, mag es seltsam scheinen, daß sie das Eisen in all diesen Jahren niemals richtig ausgebeutet hatten. Aber dafür gab es einen guten Grund. Der Vorrat an technischem Wissen, den man im Laufe der Jahre bei

Diese klingenähnlichen, schmiedeeisernen Stangen mit schmalen Schäften wurden vielleicht von den Briten des ersten vorchristlichen Jahrhunderts als Geld benutzt. Die Stangen, die bis heute gefunden wurden, unterscheiden sich in Länge und Gewicht jedoch erheblich – was vielleicht auf den Rostprozeß zurückzuführen ist. Einige Wissenschaftler sind der Ansicht, die gefundenen Eisengegenstände seien lediglich unfertige Schwerter.

Meteoritisches Eisen
Goethit
Hämatit
Magnetit

Oolithischer Limonit

Eisen ist nach Aluminium das zweithäufigste Metall der Welt. Und doch konnte man es zuerst nur in Form von Meteoren bekommen. Die Sumerer nannten es «Himmelsmetall». Aber um 1200 v. Chr., als die Schmiede die Technik entwickelt hatten, das Eisen aus seinen Erzen – vier davon sind hier abgebildet – zu verhütten, wurde es wegen seines reichlichen Vorkommens jedermann zugänglich.

der Verarbeitung von Kupfer und Bronze angesammelt hatte, ließ sich nicht für Eisen verwenden. Kupfer war zum Beispiel leicht verhüttbar und schmolz bei relativ geringen Temperaturen; Eisen tat das nicht, sein Schmelzpunkt liegt bei 1500° C. Kuper konnte durch Hämmern geformt werden, wenn es erkaltet war; Eisen war erst formbar, wenn es vor Hitze glühte. Kupfer gab in geschmolzenem Zustand die mineralischen Erzbegleiter frei, die dann in Form abnehmbarer Schlacken oben schwammen; die Beimischungen des Eisenerzes mußten dagegen aus dem Metall herausgehämmert werden, solange es noch rot glühte.

Die Verwendung des Eisens hing also von der Entdeckung eines Verfahrens ab, das auf eine ganz neue Technik hinauslief. Im praktischen Sinn hing sie auch von der Erfindung neuer Werkzeuge ab. Schmiede konnten das Eisen erst bearbeiten, als sie zangenähnliche Gebilde hatten, um das glühende Metall zu handhaben. Ein moderner Grobschmied verfügt über mehr als ein Dutzend verschiedener Zangenarten, die von einfachen Allzweckzangen bis zu spezialisierten Röhrenzangen zum Halten langer, runder Gegenstände reichen. Die frühen Metallschmiede müssen viele Jahrhunderte gebraucht haben, um auch nur die begrenzte Zahl von Zangen zu entwickeln, die sie benutzten – ganz zu schweigen von der ursprünglichen Idee der Zange selbst, die es zu konzipieren galt.

Ein «himmlisches Metall». Gediegenes Eisen ist im Gegensatz zu gediegenem Kupfer selten. Es wird hauptsächlich in Meteoren gefunden, und Meteore, welche auf die Erde aufschlagen, sind rar und weit verstreut. Überdies enthalten sie nicht immer Eisen in leicht zugänglicher Form. Eine Meteorart, die man Aerolith nennt, besteht hauptsächlich aus Stein; eine andere, der Siderolith, ist eine Mischung aus Stein und Eisen – wobei das Eisen wie die Rosinen eines Kuchens ganz von Stein umgeben ist. Nur Siderithen, die Meteore, die von den ältesten Schmieden des Nahen Ostens am meisten bearbeitet wurden, bestehen fast ganz aus Eisen. Kein Wunder, daß die Sumerer dieses Eisen als «himmlisches Metall» bezeichneten, und kein Wunder, daß es in der Frühzeit menschlicher Technologie noch wertvoller war als Gold.

Siderithen – die metallischen Meteore – kommen in allen Größen vor, von Kügelchen, die nur wenige Gramm wiegen, bis zu riesigen Brocken mit einem Gewicht von Hunderten von Tonnen. Man weiß nichts darüber, wie die Alten verwendbaren Eisenstücke aus den Meteoren gewannen, doch die Praktiken von später lebenden Eskimos und nordamerikanischen Indianern liefern einige recht aufschlußreiche Hinweise darauf, wie sie es vielleicht gemacht haben könnten.

Eisen in Grönland. 1894 fand der Entdecker Robert Peary an der Melville-Bucht in Grönland drei große Meteore, die von den Eskimos als Eisenquelle benutzt wurden. Ein gigantischer Meteor, den die Eskimos «das Zelt» getauft hatten, wog rund 33 Tonnen; die anderen beiden, die sie «die Frau» und «der Hund» nannten, wogen etwa drei Tonnen bzw. eine halbe Tonne. Seit Generationen hatten die Werkzeugmacher der Eskimos kleine Eisenspäne von den drei Meteoren abgesplittert, indem sie die Kanten mit Steinhämmern bearbeiteten. Dann nahmen sie die abgebrochenen Stücke, die jeweils einen Durchmesser von knapp 1 cm hatten, und trieben sie der Länge nach in Knochenstücke oder Walroßzähne, um sich eine Art Sägemesser zu verschaffen. Im Umkreis des Meteor «die Frau» lagen mehr als meterhohe Überreste der primitiven, altertümlichen Eisengewinnungsoperation der Eskimos. Peary war von diesem Meteor so fasziniert, daß er ihn abtransportieren und in die USA bringen ließ; heute ist er im Hayden Planetarium des American Museum of Natural History, New York City, ausgestellt.

Die nordamerikanischen Indianer weiter südlich hatten offenbar eine ganz ähnliche Methode; sie trieben kupferne Meißel in die Spalten der Meteore und brachen Metallspäne heraus. In Nordmexiko entdeckte man in dem berühmten Descrubidora-Meteor, der 600 kg wiegt, die zerbrochene Klinge eines Kupfermeißels, Zeugnis einer Eisengewinnungstechnik, die vor langer, langer Zeit abrupt und vielleicht mit einem Unglück endete.

Die Liste der Gegenstände, die von Schmieden der Frühzeit aus Meteoreisen hergestellt wurden, ist meist kurz und monoton. Die Objekte sind größtenteils dekorativ. Die Königsgräber von Ur enthielten einige rostige Eisenfragmente, deren ursprünglicher Zweck unbekannt ist. Bei Alaça Hüyük in Anatolien, einem in das dritte vorchristliche Jahrtausend zurückdatierten Fundort, entdeckten Archäologen eine Eisennadel mit gepunzter Goldspitze und das Fragment einer sichelförmigen Platte. Das seltene Exemplar einer frühen Eisenwaffe – eine bei Zeremonien benutzte Streitaxt, die um 1500 v. Chr. aus Meteoreisen gefertigt wurde – grub man bei dem syrischen Ort Ras Shamra aus.

In Ägypten gaben zwei etwa 6000 Jahre alte Fundorte am Nil Eisenperlen, ein Eisenamulett mit Silberspitze und eine eiserne Messerklinge frei. Aus dem berühmten Grab des Tutenchamun stammt ein eiserner Dolch mit exquisitem Goldgriff, der in der trockenen Wüstenluft so gut konserviert wurde, daß die polierte Klinge kaum Rostflecken aufweist. Und ein um 1800 v. Chr. errichtetes minoisches Grab bei Knossos auf Kreta enthielt einen geheimnisvollen Eisenwürfel.

Eisenverhüttung. Als der Mensch aber begann, Erz zu Eisen zu verhütten, statt das Metall von Meteoren abzusplittern, änderte sich all das. Eisenerze gehören zu den häufigsten Erzen der Welt, und viele liegen so dicht unter Tage, daß ihre Förderung keine Probleme bereitet. Da man das Erz so leicht bekommen konnte, ersetzte Eisen schließlich Kupfer und Bronze als grundlegendes Werkzeugmetall. Das geschah allerdings nicht plötzlich. Zuerst mußte jemand entdecken, wie man das Erz zu Eisen verhüttet, und dann mußte jemand lernen, wie man das verhüttete Metall in ein nützliches Werkzeug oder Gerät verwandelt. Bestimmt war keiner dieser Schritte leicht, denn die Umwandlung von Eisenerz in Metall und dann in einen Gebrauchsgegenstand ist technisch weit komplizierter als die Herstellung des gleichen Objekts aus Kupfer oder Bronze.

Wahrscheinlich stellte man durch Zufall fest, daß man aus bestimmten Erzarten Eisen gewinnen konnte, wie es früher beim Kupfer der Fall gewesen war. Die häufig vorkommenden Eisenoxide – Hämatit, Limonit und Magnetit – wurden schon überall in der Welt der Frühzeit ausgiebig verwendet. Hämatit zum Beispiel war roter Ocker, das Pigment, mit dem man Töpfe färbte und die Körper der Toten bemalte, was den bleichen Leichnamen eine relativ lebendige Farbe verlieh. Und das Eisenoxid wurde in jeder seiner drei Formen oft bei der Verhüttung von Blei und Kupfer gebraucht, ein Prozeß, bei dem sich das Eisen mit den Silikaten des Erzes zu einer Schlacke verband, die dann schmolz und schließlich ablief. Es ist denkbar, daß man bei ausreichender Hitze des Schmelzofens und einer extremen Reduktionsluft im Laufe des Verhüttungsvorgangs außer Blei vielleicht auch kleine Stücke relativ reinen Eisens produzierte.

Es läßt sich allerdings nicht so leicht erklären, wie die Menschen die Methode entwickelten, Eisenerze gezielt und systematisch zu verhütten. Wie die Kupfererze benötigten auch sie eine hohe Temperatur und Kohlenstoff, um den Sauerstoff abzuziehen, der im Erz eine Verbindung mit dem Eisen eingegangen ist. Aber die Verhüttung von Eisenerz erforderte einen viel exakteren Feuerungsprozeß als das Kupfer. Das Feuer mußte mit starken Luftströmen gespeist werden, und man mußte das Erz völlig mit Holzkohle umgeben. Wenn das Erz zu großen Kohlenstoffmengen ausgesetzt war, wurde das Eisen hart und brüchig; wurde das Eisen der Luft ausgesetzt, konnte es abermals oxidieren. Selbst wenn der Prozeß erfolgreich verlief, war das Eisen porös und mußte gehämmert werden, damit sich die Metallpartikeln vereinigten und einen brauchbaren Materialklumpen ergaben.

Vorchristliche Umweltschäden. In einem einfachen Schmelzofen kann man nur unter Verwendung großer Brennstoffmengen die richtige Hitzeintensität und den richtigen Kohlenstoffgehalt erzielen. Bei den ersten Schmelzöfen zur Eisenverhüttung, die viel Energie verbrauchten und wenig leisteten, benötigte man wahrscheinlich mindestens vier Pfund Holzkohle, um ein Pfund Eisen zu produzieren. Kein Wunder, daß die Berghänge in den Gegenden des Vorderen Orients, wo man in der Frühzeit Eisenerz verhüttete, schließlich ihrer Haine von Akazien und Pistazienbäumen entblößt waren. Die Brennstoffnachfrage der frühen Eisenzeit schädigte die Umwelt tatsächlich schwerwiegend, verringerte die Fruchtbarkeit des Bodens, führte zu einer schlimmen Erosion des Landes und vertrieb die Tiere, die zum Überleben bewaldetes Gebiet brauchten.

Der genaue Ort, an dem man zum erstenmal Eisen verhüttete, ist ebenso schwer zu bestimmen wie die erste Kupferschmelze. Gegenstände aus verhüttetem Eisen, die Anfang des dritten Jahrtausends vor Christi entstanden, tauchen überall von Syrien bis nach Aserbeidschan auf. Doch trotz dieser großen Verbreitung der Artefakte hat man in den betreffenden Gebieten weder Schmelzöfen zur Eisenverhüttung noch Schlackehaufen entdeckt.

Das älteste bekannte Exemplar eines Eisenschmelzofens, das um 500 v.

Diese Schmiede aus dem Jahre 200 v. Chr., Teil eines Freilichtmuseums, besteht aus Holz und Stroh. Die Innenansicht der Schmiedehütte (Rekonstruktion) zeigt eine 2200 Jahre alte Eisenwerkstatt, in der nach einem schon 300 Jahre früher entwickelten Verfahren gearbeitet wird. Boden und Werkbänke bestehen aus sonnengetrocknetem Lehm; hölzerne Balken und Querstreben halten das Strohdach; Steine umgeben die holzkohlengefüllte Schmelzgrube, wo das Eisen verhüttet und geschmiedet wurde. Auf der Bank links vom Mittelpfeiler liegen Zangen, Meißel, Hammer, Feile und einige der anderen Werkzeuge; dahinter steht auf einem Baumstumpf ein eiserner Amboß.

Vor einer steingefaßten Schmelzgrube mit Holzkohle liegt auf einem Holzblock ein Ziegenfell-Blasebalg, an dem Luftdüsen aus Ton durch rohe Lederstreifen befestigt sind. Die Düsen dienen dazu, den Luftzug des Blasebalgs in das Holzkohlenfeuer zu lenken. Sie reichen genau bis an den durchlöcherten Stein am Rand der Grube; der Stein verhindert, daß der Blasebalg zu heiß wird und Feuer fängt.

Chr. benutzt wurde, steht nicht im Vorderen Orient, sondern in Europa, bei Hüttenberg in den österreichischen Alpen. Bei den Schmelzöfen von Hüttenberg handelt es sich um eine Reihe lehmverkleideter Schüsseln, die in einen gepflasterten Steinfußboden eingelassen sind. Spuren von Holzkohle und Schlacken, die sich in ihnen und an ihnen befinden, lassen darauf schließen, wie sie vielleicht benutzt wurden. Danach enthielten die Schüsseln eine untere Schicht von Holzkohle, eine Ladung zerstoßenen Erzes und darauf weitere Holzkohle; das Eisenerz war somit völlig von Holzkohle umgeben und bedeckt. Dann wurden wohl Röhren oder Blasebälge mit feuerfesten keramischen Düsen in die brennende Holzkohle gestoßen, um auf diese Weise die Hitze des Feuers zu vergrößern.

Rennofen und Blashochofen. Aus unbekannten Gründen sind die Schmelzöfen von Hüttenberg paarweise aufgestellt. Vielleicht wurde einer benutzt, um das Erz vorzurösten, damit man einige Beimengungen entfernen konnte, bevor man es verhüttete. Oder ein Schmelzofen diente zur Verhüttung des Erzes und der andere sollte das Eisen wieder erwärmen, damit es weich wurde und besser gehämmert werden konnte.

Das Produkt dieser Schmelzöfen war ein geschwärztes, schlackiges, poröses Eisen, das man Luppe nennt. Technisch gesehen, sind diese Schmelzöfen die älteste Version des heutigen Rennofens, eines der beiden klassischen Ofentypen zur Reduktion von Erz zu Eisen; und die alten Schmiede im Vorderen Orient und Europa dürften nur diesen Typ gekannt haben. Der zweite Typ, der Blashochofen, erschien erst im 14. Jahrhundert in Europa. Ein Blashochofen schmilzt das Erz, gibt einige Beimengungen in Form von Schlacke frei und produziert flüssiges, unreines Eisen, das vor seiner endgültigen Verwendung noch weiterbehandelt werden muß. Das Erzeugnis des Rennofens, die poröse Masse oder Luppe, muß heiß gehalten und wiederholt ausgeschmiedet werden, um die Eisenbegleiter abzusondern; was der Schmied jedoch am Ende des Verhüttungsprozesses nach vielen kräftigen Hammerschlägen erhält, ist ein widerstandsfähiges, formbares Stück Schmiedeeisen.

Obgleich der erste bekannte Eisenschmelzofen in Europa gefunden wurde, müssen ganz ähnliche Öfen im Vorderen Orient gestanden haben, wo Zivilisationen blühten, die bestimmt wußten, wie man sie betreibt. Die Hethiter beispielsweise hatten das Eisen bereits zu einer wertvollen Handelsware gemacht.

Einige Fachleute glauben heute, daß die Hethiter vielleicht ein Monopol der Eisenverhüttungsindustrie besaßen; andere sagen, sie seien einfach besser organisiert gewesen als ihre eisenhungrigen Zeitgenossen. Die auf ihren Tontafeln hinterlassenen Berichte beweisen jedenfalls, daß dieses Metall eine recht bemerkenswerte Rolle in ihrer Kultur spielte.

Hethitische Inschriften verzeichnen die Namen der erzführenden Berge in ihrem Königreich, führen detailliert die aus Eisen bestehenden Geschenke auf, die als Zeichen der Wertschätzung am Hofe und anderswo gemacht oder empfangen wurden, und schildern das Handwerk des Schmiedes mit Worten, die auf seine ehrenvolle Rolle in der Gemeinschaft schließen lassen.

«Zur Zeit kein gutes Eisen lieferbar ...» Aus ihren Schmieden schickten die Hethiter das Eisen als Handelsware an Kunden in Ägypten, Syrien, im Iran und in den Phönizierstädten der libanesischen Küste. Unter den erhaltenen Hethiterdokumenten befindet sich ein faszinierender Brief aus dem 13. vorchristlichen Jahrhundert, der die eigentliche Industrie erläutert. Es wurde in Beantwortung einer Bitte um Eisen von dem Hethiterkönig Hattusilis III. an einen nicht gerade befreundeten assyrischen König geschrieben. Hattusilis versprach in diesem höflich diktierten Schreiben die gewünschte Ware, bat seinen königlichen Kunden jedoch um Verlängerung der Lieferfrist: «Was das gute Eisen betrifft, über das Ihr mir geschrieben habet, so ist es in meinem Siegelhaus zu Kizzuwadna nicht erhältlich. Ich habe bereits geschrieben, daß es eine schlechte Zeit für die Herstellung von Eisen ist. Sie werden gutes Eisen herstellen, doch sie sind damit noch nicht fertig. Wenn sie fertig sind, werde ich es Euch senden. Heute schicke ich Euch eine Dolchklinge aus Eisen.»

Natürlich wollte Hattusilis den verfeindeten König mit diesem Brief nur hinhalten, aber sein Hinweis auf die «schlechte Zeit für die Herstellung von Eisen» ist vielleicht auch eine Anspielung auf Saisonwirtschaft. Die Männer, die das Erz sammelten und verarbeiteten, waren möglicherweise hauptberuflich Bauern, die im Winter für den König Metall herstellten, das dieser dann «unter Siegel» in seinen Lagerhäusern verwahren ließ. Solche Bauern-Schmiede könnten ihre Kenntnisse von der Eisenverhüttung in weitem Umkreis verbreitet haben, als das Imperium der Hethiter um 1200 v. Chr. unter anderem von bronzewaffenschwingenden Kriegern aus Europa überrannt und erobert wurde. Die Überlebenden wurden aus ihrer Heimat vertrieben und suchten Zuflucht, wo sie nur konnten. Um diese Zeit begann die Eisenproduktion überall im Vorderen Orient sprunghaft anzusteigen, und Zentren der Eisenherstellung entstanden auch in Griechenland, Syrien und Italien – vielleicht mit Hilfe erfahrener heimatloser Hethiter.

Eine der wichtigen Eisenverarbeitungsstätten dieser Zeit ist die alte Stadt Hasanlu im Nordosten des Iran. Sie scheint der Expansionspolitik des benachbarten Urartu zum Opfer gefallen zu sein, und ihr Ende kam so schnell, daß die Ruinen jene Art wertvoller Fundgegenstände enthalten, die dem Archäologen die detaillierte Untersuchung vieler Aspekte des Lebens in den ersten Tagen der Eisenzeit ermöglichen.

Hasanlu – ein Zentrum der Eisenverarbeitung und des Eisenhandels. Hasanlu wurde mächtig, weil es an einem Knotenpunkt von Handelswegen lag. Im Westen führten die Straßen über die Gebirgspässe in den Irak und die Türkei; im Süden führten sie nach Mesopotamien; im Norden, an den Ufern des Urmiasees, drangen sie tief in den Kaukasus vor. Tausende von Jahren war diese Gegend ein Ziel und Durchgangsweg für Invasoren. Assyrer, Urartäer aus dem heutigen Armenien, Meder, Skythen, Perser, Parther, Sassaniden, Griechen, Männer vom Stamm des Kalifen Uthman, Abbassiden, Buwaihiden, Seldschuken, Ildijiz-Atabeken, Mongolen, Ilchaner, Jalayren, Schwarzschaf-Turkmenen, Weißschaf-Turkmenen, Seffewiden, osmanische Türken, Kadscharen, Russen und Pahlavis – irgendwann überrannten sie alle diese geschäftige Ecke der Alten Welt und wurden ihrerseits überrannt. In der Zeit, von der wir sprechen, um 900 v. Chr., wurde das Handelszentrum Hasanlu vom Volk der Mannäer bewohnt; sie standen unter der Herrschaft eines Geburtsadeligen, dessen Status eher dem eines Königs glich.

Hasanlu war eine befestigte Stadt mit Mauern, die beinahe zehn Meter hoch und am Fundament über drei Meter breit waren und in regelmäßigen Abständen von Wachttürmen unterbrochen wurden. Innerhalb der Mauern lebten nur Adelige und Priester, was sich aus der Art der Gebäude schließen läßt, deren Ruinen erhalten blieben. Zu einem dieser Bauwerke, das vielleicht religiösen Zwecken diente, gehört eine große Halle, deren Dach von sechs Meter hohen Säulen aus Pappelholz getragen wurde. Glasierte Kacheln, feinbemalte Vasen, Ziergegenstände aus geschnitztem Elfenbein, Bronzetiegel für Antimon zum Augen-Make-up, alle möglichen Trinkgefäße (darunter eines in Form eines Pferdekopfes), Fetzen von rotem Stoff mit aufgerauhter Oberfläche, ein Kupferhelm mit gewebtem Nesselfutter, Reste von Gartenanlagen, gepflasterte, von steinernen Abflußrohren gesäumte Straßen – all das weist auf das gute Leben hin, das die Oberschicht von Hasanlu führen konnte.

Im 1. Jahrtausend v. Chr. entwickelten europäische Schmiede eine Technik, Eisen ohne Schmelzen zu bearbeiten. Diese Methode veranschaulichen die Zeichnungen rechts. Um eine Axtklinge herzustellen, erhitzte der Schmied zunächst (1) drei größere Eisenluppen und hämmerte sie zu einem Barren; dann hämmerte er den Barren zu einem langen, flachen Streifen und teilte diesen anschließend in drei Teile. Im zweiten Arbeitsgang (2) erhitzte der Schmied drei kleinere Eisenluppen und hämmerte sie zu einem Barren – der schwächer aufgekohlt worden war und sich leichter bearbeiten ließ. Er hämmerte den Barren zu einem Streifen und teilte ihn in zwei Teile. Als nächstes legte er die fünf Eisenstücke in abwechselnder Reihenfolge aufeinander (3) – das weichere Eisen jeweils zwischen das härtere. Der Stapel wurde anschließend erhitzt und zu einem flachen «Paket» (4) zusammengehämmert. Der Schmied hämmerte das Paket – dessen Schichten noch zu erkennen waren – dann zu einem Halbkeil (5), dessen linke Hälfte gerade und flach blieb. Der flache Teil wurde im nächsten Arbeitsgang um eine Eisenstange herum gehämmert (6). Durch wiederholtes Erhitzen und Aushämmern verjüngte der Schmied die Klinge und gab ihr zuletzt eine Schneide, die man scharf schleifen konnte (7). Wenn er die Stange entfernte, hatte er ein Loch, in das man einen Holzstiel einpassen konnte.

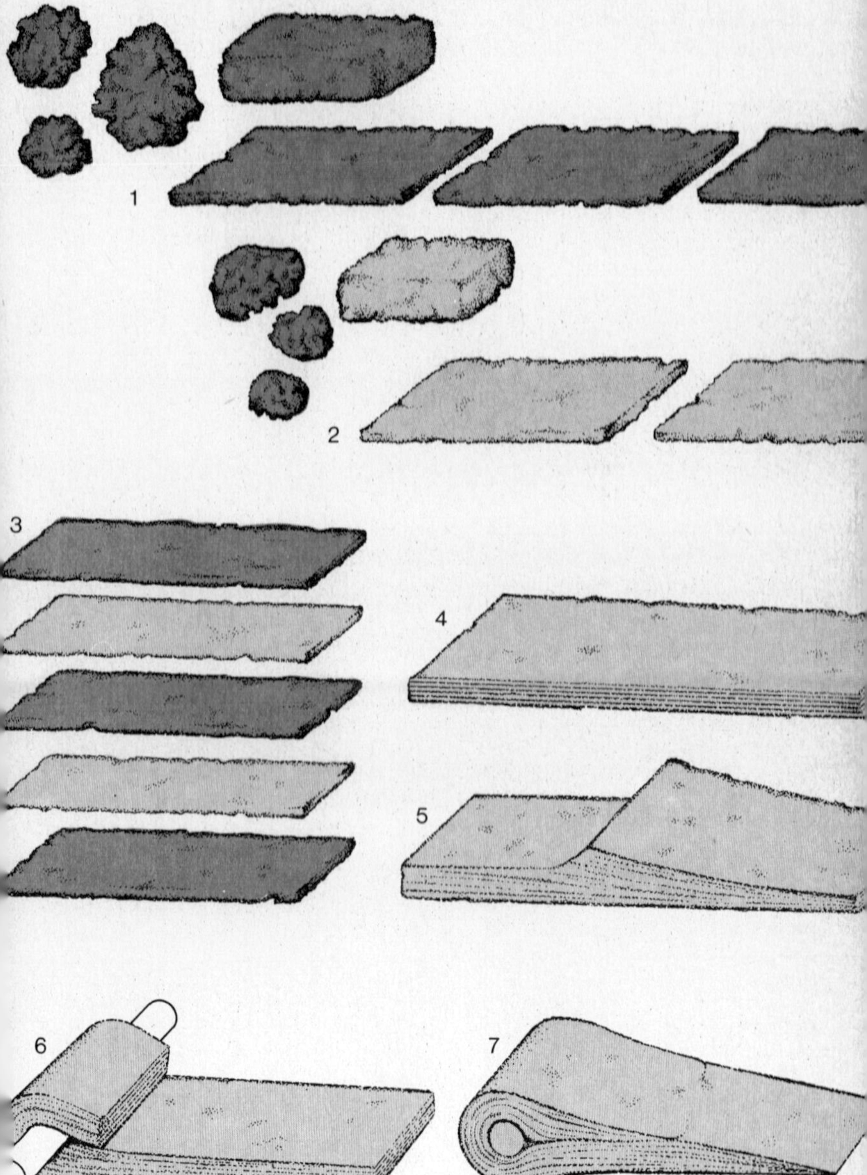
1
2
3
4
5
6
7

Außerhalb der Stadtmauern, in einem längst nicht so großartigen Dorf, lebte das gewöhnliche Volk, zu dem mindestens ein Schmied gehörte. Seine Behausung, die von den Ausgräbern des Jahres 1959 «Handwerkerhaus» getauft wurde, hat nur ein Geschoß und besteht aus sonnengetrockneten Ziegeln. Auf dem Hof liegen die Überreste eines Schmelzofens mit zwei von einer Mittelwand getrennten Feuerkammern, und in der Nähe fand man einen Schmelztiegel zur Verflüssigung von Gußmetall. Die vielen verschiedenen Metallgegenstände, die man in Hasanlu barg, und die vielen Techniken, die für ihre Herstellung erforderlich waren, lassen die Geschicklichkeit des Schmiedes und seiner Kollegen erkennen. Einige waren außerordentlich weit fortgeschritten. Metallblech wurde bis zu einer Dünne von einem Millimeter gehämmert, und das Bienenwachs für den Guß in verlorener Form wurde oft um einen modellierten Kern herum geformt, so daß die endgültige Tonform ein empfindliches dreidimensionales Gebilde war, das einen dünnen, extrem leichten und feinen Guß mit hohlem Inneren ermöglichte.

Seit langem mit den Bearbeitungstechniken für Kupfer, Bronze, Silber, Antimon und Gold vertraut, scheinen die Schmiede von Hasanlu kaum Probleme bei der Verarbeitung des neuen Metalls Eisen gehabt zu haben. In der Ausgrabungsschicht, die den Höhepunkt der Stadtentwicklung in der frühen Eisenzeit markiert, entdeckten Archäologen eine Fülle von Eisengegenständen – Nadeln, Ringe, Halsketten, Anhänger, Hunderte von Knöpfen, Gürtel und Gürtelschnallen, Töpfe und Krüge, Nägel, Pfeilspitzen, Klingen für Sicheln, Messer und Dolche. Von besonderer Bedeutung war auch ein eisernes Sägeblatt – ein Messer mit gezackter Klinge! Andere interessante Objekte sind eine Schöpfkelle und ein Spachtel aus Eisen, eine eiserne Heugabel und mehrere Eisenhacken, ein eiserner Ohrenschutz für einen Helm und eine Pinzette aus Eisen.

Einige dieser Gegenstände haben angenietete oder aufgelötete Fassungen oder Verzierungen aus Bronze und Kupfer. Bei anderen wurde das zweite Metall auf das Eisen gegossen; so gibt es zum Beispiel einige Eisendolche, bei denen die Bronzegriffe unmittelbar mit dem Klingenschaft verschmolzen wurden.

Erster Stahl. Aus der elektronenmikroskopischen Untersuchung mindestens eines dieser Metallartefakte geht hervor, daß die Schmiede von Hasanlu bereits den Stahl entdeckt hatten. Stahl in der einfachsten Form bildet

Auf diesem Holzschnitt aus dem Jahre 1556 benutzen deutsche Schmiede die grundlegenden Techniken der Eisenbearbeitung, die man schon seit 2000 Jahren verwendet hatte – allerdings ist ihre Ausrüstung moderner. Im Hintergrund verhüttet ein Arbeiter das Erz in einem Schmelzofen aus Ziegeln. In seiner Nähe verhämmern zwei Männer Roheisenstükke aus dem Ofen zu einer festen Masse, während ein Schmied im Vordergrund mit einem mechanisch angetriebenen Hammer ein Stück Metall schmiedet.

sich, wenn Eisen lange unter hoher Temperatur gehalten wird und wenn dabei Holzkohle vorhanden ist (aus der es den notwendigen Kohlenstoff absorbiert); durch plötzliches Eintauchen in kaltes Wasser wird er hart. Dieses Verfahren, bei dem Eisen mit Kohlenstoff versetzt wird, heißt Aufkohlung und ergibt als Endpunkt Karbonstahl – noch heute die verbreitetste Form von Stahl.

Die Eisenzeit in England. So beeindruckend ihre Erfahrung in solchen Dingen auch gewesen ist – vielleicht beeinflußten die Schmiede von Hasanlu den Lauf der menschlichen Geschichte in Wirklichkeit nicht so sehr wie das Anbrechen der Eisenzeit in einem anderen Teil der Welt, ungefähr 4500 km weiter im Nordwesten – in Britannien. Die Eisenzeit wurde dort um 500 v. Chr. von einem energiegeladenen mitteleuropäischen Volk eingeleitet, das zur sogenannten Hallstatt-Kultur gehörte.

Die Menschen der Hallstatt-Kultur waren Nachkommen der bronzezeitlichen Urnenfelder-Leute und halfen – wie ihre Vorfahren – dabei, andere Menschen in die Kunst der Metallbearbeitung einzuweisen. Sie waren in der Eisenherstellung weit fortgeschritten: Sie kannten zum Beispiel schon eine Art Blasofen und das Aufkohlen. Obgleich sie selbst eigentlich nicht viel Eisen benutzten, leisteten sie einen großen Beitrag zur Eisenzeit. Mit dem Reichtum, den sie durch den Export von Salz aus ihren einheimischen Salzbergwerken und von salzbehandelten Fleischteilen wie Schinken und Speck an Kunden bis in Italien anhäuften, konnte es sich die führende Schicht in der Hallstatt-Periode leisten, erfahrene Eisenschmiede anzustellen. Das lange Hallstatt-Schwert und die in Hallstatt übliche Praxis, vom Pferderücken aus zu kämpfen, sind wohl Vorboten der mittelalterlichen Idee des Rittertums.

In ihrem Expansionsdrang nach Westen erreichte die Hallstatt-Kultur schließlich auch die Britischen Inseln. Mit ihr kamen allerdings nicht die ersten Metallkundigen; die Glockenbecher-Leute waren schon 2000 Jahre vor ihnen eingetroffen, und mit der Zeit hatte sich eine fortgeschrittene Bronzetechnologie entwickelt. Doch in seinen rauhen Gebirgstälern und auf den Hängen seiner Berge barg Britannien alles, was für die Entwicklung einer echten Eisenzeit-Zivilisation nötig war. Es war damals wie heute wohlversorgt mit Eisenerzen: In 29 seiner 41 Grafschaften wurde seit der Hallstatt-Periode irgendwann einmal Eisen produziert.

In einer großen deutschen Stahlherstellungs-Werkstatt, die im 16. Jahrhundert betrieben wurde, beschleunigt die Mechanisierung den alten Arbeitsprozeß. Das Holzkohlenfeuer in dem kaminförmigen Schmelzofen wird von riesigen, mit Wasserkraft betriebenen Blasebälgen mit Luft angefacht. Die einzelnen Metallstücke aus dem Ofen werden von einem mechanisch angetriebenen Schwanzhammer (Vordergrund links) geformt und dann, noch «glühend, in das allerkälteste fließende Wasser geworfen», um sie abzuschrecken.

Archäologen entdeckten in Britannien zahlreiche frühe Eisenverarbeitungsstätten. Zu den interessantesten gehört der Fund bei Kestor, einem Ort in der Nähe der Stadt Chagford in Devon. Die Fundstätte besteht aus den Überresten von 27 alten Hütten mit hartem Lehmfußboden, wo offenbar jahrhundertelang Menschen wohnten. In den Ruinen einer dieser Hütten steht ein Schmelzofen: eine in den Boden eingelassene Grube, deren Durchmesser etwa 45 cm beträgt. Daneben liegt ein großer Stein, der vielleicht als Blasebalgunterlage benutzt wurde. Eine Untersuchung ergab, daß die in der Grube gefundenen Überreste eine Mischung aus Eisen und Holzkohle sind. Das Eisen wurde wahrscheinlich aus einem der lokalen Erze gewonnen, vielleicht aus «Mooreisen», einer Form von Eisenspat, die man oft in Mooren findet. (Ablagerungen von Mooreisen entstehen durch die Tätigkeit eisenhaltiger Oberflächenwasser über verfaulendem organischen Material, und zwar so schnell, daß sie manchmal in wenigen Jahrzehnten eine Dicke von mehr als 5 cm erreichen. Diese Grundform des Eisenerzes sollte Jahrhunderte später auch den Eisenbedarf der amerikanischen Pilgerväter in den ersten Jahren ihres Überlebenskampfes in der Wildnis von Neuengland decken.)

Eine zweite Schmelzgrube in der Nähe des Ofens von Kestor scheint eine andere Aufgabe erfüllt zu haben. Der Ton am Boden war durch die Hitze des Feuers gerötet worden und enthielt noch einen Rückstand aus Holzkohle und Asche, was darauf schließen läßt, daß sich hier wahrscheinlich das Schmiedefeuer befand, über dem der Schmied sein verhüttetes Eisen von neuem erhitzte und dann aushämmerte.

Eisengeld, geschmiedete Schwerter und Reifen aus Eisen.
Trotz der primitiven Bauweise des Schmelzofens von Kestor und ähnlicher Öfen war der frühe britische Grobschmied geschickt und produktiv. Eines der Erzeugnisse seiner Industrie, von dem man überall in Britannien Exemplare entdeckte, ist die sogenannte Währungsstange. Es gibt sie in zwei Versionen – die eine lang und spitz zulaufend, die andere kürzer und rechteckig; vielleicht waren beide für Schwertklingen bestimmt. Römische Söldner, die 55 v. Chr. in Britannien einfielen, glaubten jedoch, die Stangen dienten nur als eine Art Zahlungsmittel, weil Größe und Gewicht genormt waren und weil andere europäische Völker ganz ähnliche Stangen als Währung benutzten. «Als Geld», schrieb Julius Caesar in seinem *Gallischen Krieg*, «verwenden sie entweder Bronze oder Goldmünzen oder aber Eisenstangen von einem bestimmten Gewicht.»

Außer diesen vorgefertigten Klingen fand man auch viele vollständige Schwerter – leider waren die meisten von ihnen total verrostet. Die wenigen gut erhaltenen zeigen jedoch, daß britannische Schmiede nicht nur das Aufkohlen kannten, sondern auch ein anderes anspruchsvolleres Verfahren beherrschten, das ihnen die Herstellung dünner, «laminierter» Eisenplatten

Die Eigenschaft von Bronze und Eisen, scharf zu bleiben, führte zur Herstellung aller möglichen Streitäxte aus Metall, ausnahmslos furchterregende Nahkampfwaffen, die so konstruiert wurden, daß man einem Feind mit starken Schlägen den Kopf spalten oder ihn durchbohren konnte. Die Axt oben hat ein Zwischenfutter aus Bronze und eine Eisenklinge (eine Seltenheit in den Tagen, als Eisen noch so wertvoll war wie Gold). Parallel zur wachsenden Benutzung metallener Waffen lief die Entwicklung metallener Rüstungen, Helme sowie Schilde, die entweder ganz aus Metall bestanden oder, häufiger, aus Holz oder Leder, das man durch Metallplatten verstärkt oder mit Metallbuckeln beschlagen hatte. Der assyrische Helm aus dem 8. Jahrhundert v. Chr. besteht ganz aus Eisen.

Damit Reiter oder Wagenlenker ihre Pferde unter Kontrolle behielten, wenn sie sich im Galopp den feindlichen Flanken entgegenwarfen, brauchten sie Zaumzeug, dessen Trense haltbarer als hölzerne oder beinerne Stücke war. Auch hier bot das Metall die Lösung. Die älteste Metalltrense, die der unten gezeigten ähnelt, bestand aus einer einfachen Stange, die man durch das Maul des Pferdes führte. An den Seiten hatte sie Backenstücke, die dafür sorgten, daß sie nicht verrutschte. Jeder feste Zug an den Zügeln bereitete dem Tier schmerzhaften Druck auf der Zunge. Die später entwickelten Gelenktrensen (oben) waren nicht so brutal, sie übten ihren Druck vor allem an den Maulwinkeln des Pferdes aus.

ermöglichte. Bei diesem Prozeß werden mehrere Metallstücke erhitzt und dann zusammengehämmert. Dabei entfernt man die Beimengungen und verbessert allmählich die Qualität des Metalls. Ähnlich dem Sperrholz, ist laminiertes Eisen extrem elastisch und widerstandsfähig; in verbesserter Form ergab es schließlich den feinen Stahl, den man für Damaszenerklingen und die Kamakura-Schwerter im Japan des 12. Jahrhunderts verwendete.

Um 100 v. Chr. benutzten Schmiede Streifen von laminiertem Eisen, um

Faßringe und Reifen für Wagenräder herzustellen – eine Revolution des Transportwesens, die damals ebenso wichtig gewesen sein muß wie später der Übergang von Eisenreifen zu Gummireifen. Die Herstellung eines Eisenreifens war eine außerordentliche Leistung. Bei der Untersuchung eines Wagenreifens, den man bei Llyn Cerrig Bach in Wales fand, stellten Metallexperten fest, daß der Schmied den Reifen in mehreren getrennten Arbeitsgängen gefertigt hatte. Zuerst hatte er lange Eisenstreifen genommen und zu dünnen Streifen aufgekohlten Metalls gehämmert. Dann wurden diese Streifen zusammengeschmiedet und so lange ausgehämmert, bis sie eine lange Stange bildeten. Die Stange wurde in Stücke geschnitten und die Stücke aufeinandergelegt. Dann hämmerte der Schmied weiter, bis er eine andere laminierte Stange hatte – und dieser Prozeß wurde noch mindestens zweimal wiederholt. Das Endergebnis war ein etwa 2,5 cm breiter und 2,70 m langer Streifen aus hochwertigem Stahl, hart und elastisch genug, um nach dem Aufbringen auf ein Rad auch den steinigsten Straßen zu widerstehen.

Obwohl Eisen normalerweise Assoziationen von Kriegswerkzeugen und Waffen hervorruft, weil es sich dauerhaft und scharfkantig schmieden läßt, wurde es von den britannischen Schmieden mehr für praktische als für kriegerische Zwecke benutzt. Eisen – das billiger als Bronze und leicht erhältlich war – begann, Bronze als Material für Äxte, Messer, Rasiermesser, Pflugscharen, Trensen und eine breite Skala anderer nützlicher Dinge zu ersetzen. Es wurde zu Kaminböcken und Ketten geschmiedet – darunter auch Sklavenketten mit Halsringen für unglückliche Gefangene. Die Konstruktion der Sklavenketten trug zwar nicht zum Wohlbefinden der Gefangenen bei, sie waren aber im Grunde raffinierte und hervorragend gearbeitete Exemplare der Schmiedekunst: Die Glieder sind so ineinander verschlungen, daß sich die Kette nicht verhaspeln kann.

In Britannien, auf dem europäischen Kontinent und im Vorderen Orient, wo die gesamte Metallrevolution begann, hatte der Schmied eine solche Meisterschaft über sein Material erlangt, daß es für ihn jahrhundertelang kaum noch etwas zu lernen gab. Erst als die Chemie – ungefähr 1800 Jahre später – die Zusammensetzung und Struktur der Metalle offenbarte, sollte der Mensch neue Eigenschaften des Stoffes entdecken, der ihm so vertraut geworden war.

Bis dahin bestand die Hauptaufgabe des Metallschmieds darin, seine Verfahren zu perfektionieren und zu verfeinern. Und bei dieser Aufgabe erwiesen sich die Schmiede zweier verschiedener Kulturen als vollendete Künstler. Ohne wirklich zu wissen, weshalb sich die Metalle so verhielten, wie man es beobachten konnte, stellten die Chinesen Wunderwerke aus Bronze her. Jenseits des Pazifischen Ozeans gelang den Indianern des alten Amerika später mit Gold das gleiche.

5. Asiens Bronzeschmiede

Auf dem Flug von Teheran nach Neu-Delhi im Herzen Nordindiens überquert man eine der ödesten Landschaften der Erde, das Gebirgsmassiv Afghanistans. Kilometer um Kilometer, Stunde um Stunde entfaltet sich unter der Maschine ein Panorama zerklüfteter Gipfel, unwirtlicher Hänge und ausgedörrten Hochlands, unfruchtbar und gelb, in dem es fast überhaupt keine Städte und Dörfer gibt. Trotzdem leben hier etwa 17 Millionen Menschen, die Nachkommen von Völkerstämmen und -rassen, die im Laufe der Zeitalter einwanderten, Zuflucht suchten oder mit Gewalt eindrangen. Über Tausende von Jahren war Afghanistan nämlich buchstäblich der Knotenpunkt der Welt, eine Verbindung zwischen Ost und West.

Um die besondere Rolle zu verstehen, die Afghanistan in der Vergangenheit des Menschen spielte, muß man in eine Zeit zurückkehren, da die Welt noch eine Terra incognita war. Damals gab es drei große Zivilisationszentren, die nur vage Vorstellungen voneinander hatten. Das eine lag im Vorderen Orient, das andere auf dem indischen Subkontinent und das dritte in China. Nur wenige Menschen aus dem Vorderen Orient kamen je bis nach China, und ebenso klein war wahrscheinlich die Zahl der chinesischen Reisenden, die in den mesopotamischen Stadtstaaten auftauchten.

Alle jedoch, die aus China kamen, brachten kostbare Geschenke mit, Gewürze, Seiden und Töpfereien, die köstlicher und feiner verziert waren als alles, was man jemals in den Öfen des Vorderen Orient gebrannt hatte. Sie hatten auch Geschenke aus Metall dabei, Gegenstände von ungewöhnlicher Schönheit, und berichteten seltsame Dinge über das Land, aus dem sie kamen.

Eine der wenigen Straßen, auf denen sich diese Reisen und der Handel zwischen dem Vorderen Orient und China abspielen konnten, verlief zwangsläufig durch Afghanistan. An der Ostgrenze des Landes durchschneidet ein schmaler Korridor den Hindukusch und das Hochland von Pamir und bildet die Verbindung zu den alten Seidenstraßen, welche die chinesische Provinz Sinkiang durchqueren. Diese «Landstraße» der Natur verknüpfte Afghanistan mit dem Leben der beiden Welten. Seine geographische Lage

Bei Ausgrabungen in der verfallenen chinesischen Stadt Anyang – einem der Fundorte, der bewies, welche Meister in der Metallverarbeitung die alten Chinesen waren – wurde in einer Tiefe von 10,5 m diese Grabstätte freigelegt. Obwohl viel von ihrem kostbaren Inhalt geraubt worden war, enthielt das Grab noch knapp 600 Bronzewaffen und zwei Ritualgefäße.

Oben: Mit einer solchen reichgeschmückten Zeremonialaxt aus Bronze wurden in der Shang-Dynastie Tier- und Menschenopfer getötet. In das Loch gehörte ein hölzerner Stiel. Links: Dieser ehemalige Besitz eines Kriegers der Shang-Dynastie, ein Bronzedolch, ist mit winzigen Türkissplittern eingelegt; die Feinheit des Musters läßt als Eigentümer einen hohen Offizier vermuten. Rechte Seite: Dieser Bronzehelm aus der Zeit der Shang-Dynastie bot dem Träger in der Schlacht einen gewissen Schutz. Um Wundreiben zu verhindern, wurde er, wie die Archäologen vermuten, mit Tierfell gefüttert.

war auch großenteils für die turbulente und wechselvolle Geschichte des Landes verantwortlich.

Um 2000 v. Chr. wanderten arische Völker aus Zentralasien über die Nordgrenze, den Fluß Oxus, nach Afghanistan ein; 540 v. Chr. kamen die Perser und eroberten das Land von ihren Stützpunkten im südlichen Iran aus. Alexander der Große durchquerte das Land 330 v. Chr. auf dem Weg nach Indien und hinterließ eine Reihe von Stadtgründungen, die von Griechen kolonisiert wurden. Als Alexander 323 v. Chr. starb, wurde Afghanistan abwechselnd von Parthern aus Mittelpersien und von einem Reitervolk, das die Chinesen Yueh-chin nannten, besetzt und beherrscht. Jahrhunderte später überrante Dschingis Khan mit seinen Reitern das Land, löschte ganze Gemeinden aus und ließ Wunden zurück, die bis heute noch nicht richtig verheilt sind.

In all diesen Jahrtausenden bahnten sich ohne Unterlaß Karawanen ihre gewundenen Wege durch die zerklüfteten Gebirge Afghanistans, brachten Schätze aus dem Osten in den Westen, nahmen dafür andere Schätze mit und hielten so die losen Kontakte zwischen den beiden großen Zivilisationen am Leben. Und erst vor relativ kurzer Zeit erkannte man, daß diese Region in all den Jahrtausenden nicht nur ein Verbindungsglied zu China darstellte, sondern vielleicht auch die Völker beider Länder mit einer untergegangenen dritten großen Zivilisation auf halbem Weg zwischen dem Vorderen Orient und dem Fernen Osten verband – mit der Zivilisation des Industales im heutigen Pakistan. Diese erstaunliche Kultur mit ihren dichtbevölkerten Städten und geschäftigen Binnenhäfen erblühte, gedieh und verging in einer Zeitspanne von 800 Jahren. Sie entstand um 2500 v. Chr.

Während das Flugzeug über Afghanistans unzugänglichen Hochebenen Kurs nach Süden nimmt, erblickt der Reisende die ersten Anzeichen der frühen Vergangenheit des Landes, ein halbes Dutzend Erdhügel auf der staubbedeckten Erde, in deren Mitte er die rechtwinkligen Linien und Spuren von Gebäudefundamenten ausmachen kann.

Sie liegen gar nicht weit von der blühenden modernen Stadt Kandahar im sonnenverbrannten Bergland nahe der Grenze zwischen Afghanistan und Pakistan, doch in der unmittelbaren Nachbarschaft der Erdwerke und ihrer Ruinen gibt es keine Zeichen menschlicher Besiedlung. Das ist alles, was von Mundigak geblieben ist – einst eine wichtige Station auf der Verbindungslinie zwischen den Bergen Belutschistans und dem Industal.

Metallurgie im Industal. Eine der wichtigen Tatsachen, die Archäologen hier über die Zivilisation des Industales erfuhren, besteht darin, daß diese Menschen Bronze verarbeiteten – und zwar etwas später als die Bronzezeit-Kultur Mesopotamiens und etwas früher als die Bronzezeit-Kultur Chinas. Die Schmiede dort waren schon vollendete Handwerker. Durch Hämmern konnten sie Gegenstände aus Metallplatten treiben; sie konnten

Metall in offenen Formen und in geschlossenen Formen mit dem Guß in verlorener Form herstellen; und sie wußten, wie man Metalle durch Nieten und Löten zusammenfügt. Wie erwarben sie diese Kenntnisse? Entwickelten sie ihre Fertigkeit selbst, oder leiteten sie sie von Dingen ab, die fahrende Händler oder Handwerker von ihren Reisen mitbrachten?

Das Geheimnis zu lösen, das den Ursprung der Metallurgie im Industal umgibt, ist eine Schwierigkeit, die gewissermaßen für die archäologischen Forschungen im gesamten Fernen Osten gilt. Diese Schwierigkeit ist teilweise einfach darauf zurückzuführen, daß man dort noch viele Ausgrabungen machen muß. Einige Funde lassen jedoch darauf schließen, daß sich die Metalltechnik von Mesopotamien aus nach Persien und von dort weiter ostwärts nach Afghanistan verbreitete. Nach der Entstehungszeit der ersten Metallgegenstände im Industal zu urteilen, gelangte sie von dort über Siedlungen wie Mundigak nach Süden und überquerte dann in der Folgezeit das Bergland von Belutschistan.

Die Ruinen von Mundigak geben Aufschluß über den möglichen Verlauf dieser Ereignisse. Seine ersten Bewohner waren offenbar Halbnomaden aus dem Westen. Sie brachten bestimmte Attribute einer ziemlich weit fortgeschrittenen Zivilisation mit: auf Drehscheiben gefertigte Töpferarbeiten, die mit Mustern bemalt waren, Klingen und Pfrieme aus Kupfer, die durch Kalthämmern auf Ambossen geformt wurden. Diese Kupfergegenstände, die ältesten Funde der gesamten Region, entstanden um 3000 v. Chr., etwa 2000 Jahre später als die ersten Kupferobjekte von dem ungefähr 1300 km weiter westlich im Iran liegenden Tepe Sialk und 3000 Jahre später als die ersten Kupfergegenstände von Ali Kosh an den Westhängen des Zagros-Gebirges, der natürlichen Grenze der mesopotamischen Ebene.

Eine Zeitlang benutzten die neuen Siedler von Mundigak weiterhin die Techniken der Metallbearbeitung, die sie mitgebracht hatten, obgleich ihre Arbeiten allmählich einen recht spezifischen Charakter annahmen. Eine typische Kupfernadel aus Mundigak mit doppelt gewundener Spitze zum Beispiel gleicht entsprechenden Nadeln, die man an der östlichen Mittelmeerküste fand, nur daß sich ihre Windungen – eine seltsame Laune künstlerischer Traditionen – umgekehrt drehen.

Dann, um 2500 v. Chr. änderten sich die Metallarbeiten von Mundigak von Grund auf. Die Bewohner lernten, wie man Kupfer entweder mit Zinn oder mit Blei mischt, um Bronze herzustellen, und die Bronzegegenstände, die sie machten, sind alles andere als ungeschickte Experimente – es sind vollendete Güsse, Äxte und Dechsel mit Löchern für den Stiel. Beide Werkzeugtypen weisen fast genau die gleichen Merkmale auf wie die Äxte und Dechseln, die um 3500 v. Chr. in Susa, einem der frühen mesopotamischen Stadtstaaten, hergestellt wurden.

Diese Tatsache läßt auf zwei Möglichkeiten schließen: Entweder nahm Mundigak einen Zustrom neuer Bewohner auf, die neue Kenntnisse in der

Dieses rituelle Bronzegefäß, das chinesische Schmiede vor rund 3500 Jahren mit einem einzigartigen Verfahren (s. a. S. 110, 111) gossen, ist ein perfektes, reich ornamentiertes und von Patina bedecktes Stück. Röntgenstrahlen, mit denen Archäologen auch Metallgegenstände analysieren, zeigen jedoch eine handwerkliche «Pfuscherei».

Auf der Röntgenaufnahme des Gefäßes erscheint das hintere rechte Bein dunkel, was auf einen darin versteckten Kern aus gebranntem Ton deutet. Fachleute folgern daraus, daß der Schmied Reparaturarbeiten ausführte – mit dem Ton verbesserte er entweder einen fehlerhaften Originalguß oder behob einen später entstandenen Schaden. (Die Stellung des Gefäßes vor dem Röntgenschirm entsprach nicht der links gezeigten.)

Legierung und im Gießen von Metallen mitbrachten, oder die Siedlung wurde von Händlern und Wanderschmieden besucht, die sie mit dem neuen Metall und seiner neuen Bearbeitungstechnik bekannt machten. Beide Erklärungen können zutreffen, wobei die zweite auch das größere Rätsel, nämlich wie die Metallurgie in den Fernen Osten kam, weitgehend lösen würde. Wie Zugvögel gründeten die Händler und Schmiede entlang ihrer Reiserouten Zivilisationen, die über das gleiche Wissen verfügten wie sie selbst.

Auf ihrem Weg von Mundigak bis zur Bevölkerung des Industales gelangten die Metallkenntnisse möglicherweise auch an eine andere Volksgruppe, die noch weiter östlich lebte. Nur 130 km jenseits des Industales, in einem anderen großen Tal, das von den Flüssen Jumna und Ganges gebildet wird, benutzten Metallarbeiter zur Herstellung von Werkzeugen für die Landwirtschaft und Fischerei weit mehr Kupfer als Bronze. Die Werkzeuge sind gut und geschickt gemacht und von einem ganz bestimmten Typus. Unter ihnen befindet sich eine 30 cm lange und gut 2,5 kg schwere Axtklinge zum Baumfällen. Außerdem wurde eine Harpune mit Widerhaken gefunden, deren Verwendung sich aus verschiedenen Höhlenmalereien am Ganges erklären läßt – nämlich zur Jagd auf Nashörner.

Alle gefundenen Geräte entstanden durch eine Kombination der Verfahren des Hämmerns und Gießens, vielleicht fertigten Wanderschmiede sie an, denn die meisten fand man in Verstecken, die denen der Wanderschmiede im prähistorischen Europa und Vorderen Orient gleichen.

Rätsel um das chinesische Metall. Unter allen metallurgischen Rätseln der Frühzeit stellt China jedoch entschieden das schwierigste dar. Die Verfasser der sonst eher trockenen Fachzeitschriften übertreffen sich in Superlativen, wenn sie über die chinesischen Handwerker schreiben. Ohne jeden ersichtlichen Zugang zur technologischen Entwicklung des Vorderen Orient scheinen sie alles besser, eher und mit geringerer Anstrengung gemacht zu haben als ihre Kollegen im Westen. Sie bauten leistungsfähigere Öfen, erreichten höhere Temperaturen zum Brennen von schöneren Keramiken und zur Bronzeherstellung. Sie benutzten das Metall für Gefäße, Geräte, Skulpturen, Waffen und Rüstungen, die zu den schönsten der Welt zählen.

Die chinesische Archäologie unterscheidet sich in vieler Hinsicht von der westlichen. Zunächst einmal reichen ihre Anfänge weiter zurück. Die Chinesen studierten und beschrieben ihre Vorgeschichte zumindest schon in der östlichen Chou-Dynastie, die von 770 bis 221 v. Chr. dauerte. Der Philosoph Han Fei Tsu kategorisierte die Ahnen seines Volkes nach den Überresten ihrer Tongefäße, ganz so, wie moderne Archäologen es heute noch tun:

«Als Yao die Welt regierte, aßen die Menschen aus Tongefäßen und tranken aus Tonkrügen; Yü machte rituelle Gefäße, malte das Innere in

Schwarz und das Äußere in Rot. Die Yin-Menschen . . . gravierten ihre Eßgeräte und auch ihre Geräte zum Weintrinken.»

Es mag eigenartig klingen, doch der Bericht des Philosophen Han über die Menschen der Yao-, Yü- und Yin-Zeit wurde von späteren Gelehrten als Teil chinesischer Legenden betrachtet, als Teil einer so fernen Vergangenheit, daß wohl keine Spuren übrigbleiben konnten. Außerdem wollte kein respektvoller chinesischer Gelehrter die Erde aufgraben und Gräber plündern, denn das hätte nicht nur die Ahnen beleidigt, sondern auch die Götter erzürnt – Skrupel, von denen die Arbeit chinesischer Historiker und Kunstwissenschaftler noch bis ins 20. Jahrhundert behindert wurde (obgleich sie die Grabräuber bestimmt nicht abschreckten).

Die moderne chinesische Archäologie beginnt tatsächlich erst 1928 – mit der Entdeckung, daß eine der berühmtesten Dynastien, die legendäre Shang-Dynastie, nicht nur existiert, sondern auch schriftliche Zeugnisse hinterlassen hatte. Die Ausgrabungsstätte, an der die meisten Zeugnisse der Shang-Vergangenheit freigelegt wurden, liegt in einer Schleife des Flusses Huang im nördlichen Teil der Provinz Honan, nicht weit vom heutigen Dorf Hsiao T'un entfernt. Der Fundort bedeckt etwa 2400 Hektar, und die Dorfbewohner bezeichnen ihn als «Großer Shang». Es ist Anyang, die Hauptstadt der Shang-Dynastie, der Kaisersitz der ersten schriftkundigen Zivilisation Chinas, die von etwa 1600 bis 1100 v. Chr. blühte.

Im Gegensatz zu archäologischen Fundorten im Vorderen Orient, von denen viele unter zahlreichen Schichten von Sand oder getrocknetem Schlamm liegen, die Wind oder Flüsse herbeitrugen, gab Anyang seine Geheimnisse leicht frei: Einige seiner Artefakte lagen weniger als 1 m unter der Erdoberfläche. Leider ermutigte das auch Schatzsucher, die den Fluch ihrer Ahnen und ihrer Götter mißachteten und nicht nur die archäologischen Schichten durcheinanderbrachten, sondern auch Hunderte schöner Bronzegegenstände forttrugen, die heute stolz überall in den verschiedenen Museen ausgestellt werden. Trotzdem blieben noch viele Reichtümer, und die Ausgrabungsarbeiten werden weiter fortgeführt.

Persische Metallschmiede in China? Die Ausgrabungen haben die verschiedensten Fragen erhellen können, darunter die Bestattungsbräuche der Chinesen der Shang-Zeit, die denen des Vorderen Orients auffallend ähneln. Die Sumerer und Chinesen hatten etwa die gleiche Einstellung zum Menschenopfer. Die Königsgräber von Ur enthielten die Leichen Dutzender von Höflingen und Gefolgsmänner, die mit ihrem Herrscher begraben wurden. In Anyang befanden sich in den königlichen Gräbern bis zu 300 Skelette – Adlige, Königinnen, Konkubinen, Wachen, Kutscher, Jäger und Palastbeamte –, die geopfert wurden, damit jeder «Sohn des Himmels» auch im Leben nach dem Tod sein Gefolge hatte. Die sumerischen Bestattungen gingen den chinesischen um rund 1500 Jahre voraus, und das wirft

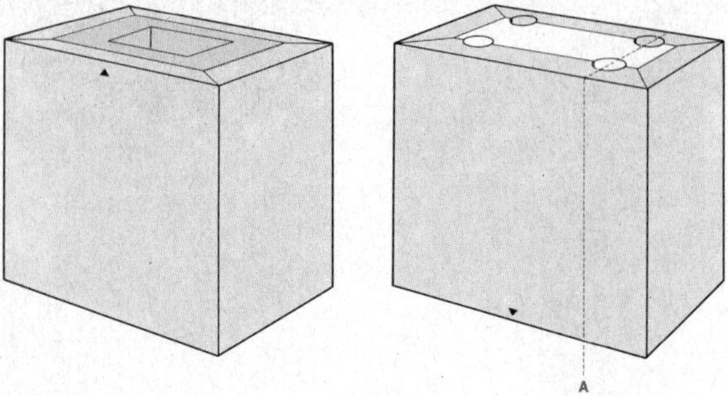
A

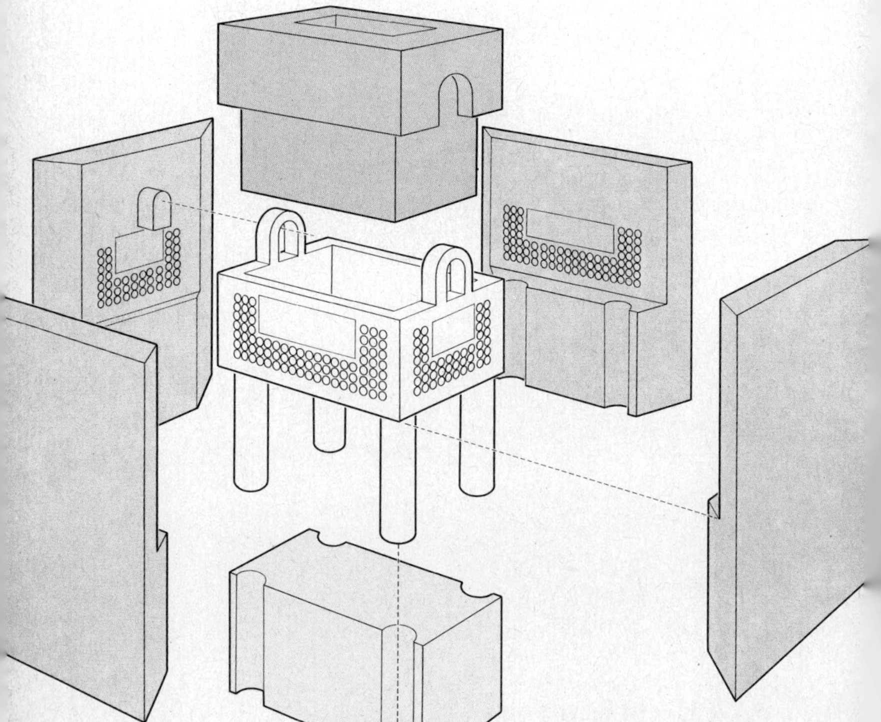

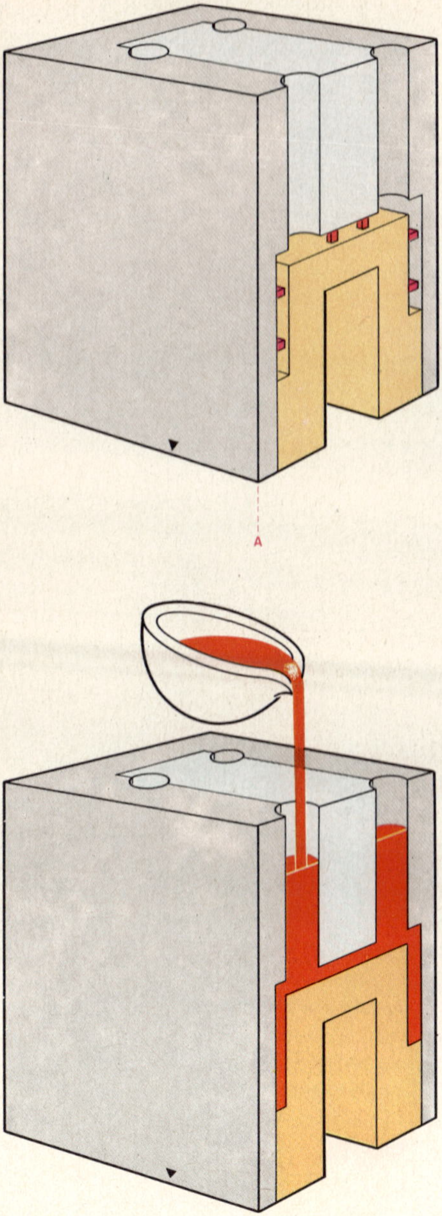

In China wurden die meisten Bronzegefäße in Teilformen aus gebranntem Ton gegossen. Ganz links sind die Teile einer solchen Form – die einen Topf mit vier Füßen umgeben – schematisch dargestellt. Die vier grauen Seiten haben eingeritzte Muster und Vorkehrungen für Griffe und Füße. Die braunen und blauen Teile bilden den Kern. Oben werden die Teile in zusammengesetztem Zustand richtig herum und auf dem Kopf stehend gezeigt, wobei man die Löcher für die Füße sehen kann. Die gepunktete Linie zum Buchstaben A weist auf den Teil hin, den man in den Zeichnungen rechts weggeschnitten hat, um das Innere zu zeigen.

Bei den roten Knöpfen in der noch leeren Form handelt es sich um Bronzekränze, die man in die Form eingelassen hat, um die tönernen Teilstücke auseinanderzuhalten. Das geschmolzene Metall wird sie später umfließen und völlig in das fertige Gefäß integrieren. Zuletzt wird die flüssige Bronze (rot) in eine Öffnung gegossen, die später einen der Füße des Gefäßes bildet. Das Metall breitet sich gleichmäßig in den Hohlräumen der Form aus, wobei es die Luft allmählich verdrängt. Diese Technik wurde in der Frühzeit nur von den Chinesen angewendet.

wiederum die Frage auf, ob sich einzelne kulturelle Gebräuche und technische Fertigkeiten Mesopotamiens langsam, im Laufe von Jahrhunderten, ostwärts verbreiteten – diesmal über mehr als 4000 km nach China.

Wissenschaftler, die sich mit diesen Fragen befaßten, sind schon lange zu dem Schluß gekommen, daß zu viele Steine fehlen, um das Puzzle jemals zu vollenden. Theoretisch könnten persische Metallschmiede China über die Gebirgspässe des nördlichen Afghanistan erreicht haben, die sich nach Sinkiang, Chinas westliche Provinz, hineinziehen. Möglicherweise haben auch metallkundige Leute aus den russischen Kaukasusgebieten die Steppen nördlich des Kaspischen Meeres durchstreift, um Sinkiang über Zentralasien zu erreichen. Es ist auch denkbar, daß keine solche Wanderungen stattfanden und daß China seine Ideen, wenn es sie überhaupt aus dem Vorderen Orient bekam, stückweise und fragmentarisch von Händlern und Wanderschmieden bezog – oder von den eigenen Reisenden.

Doch selbst wenn es solche Kontakte gab, erhebt sich eine weitere Frage: Inwieweit waren fremde Ideen an der im Norden Chinas erblühten Shang-Zivilisation beteiligt? Wie ein 800 km westlich von Anyang liegender Ausgrabungsort zeigt, ging der Shang-Ära eine außerordentlich verfeinerte Steinzeit-Kultur unmittelbar voraus. Das würde bedeuten, daß die Shang-Zivilisation eine Entwicklung war, die – wenn nicht ausschließlich, so doch mindestens weitgehend – von den Chinesen selbst ausging. Die Menschen dieser früheren Kultur lebten in Bauerndörfern, und ihre Gesellschaft hatte angefangen, sich zu organisieren und Klassen zu bilden: Es gab Anführer, die Menschen verrichteten spezialisierte Arbeiten – und einer der Spezialisten war der Töpfer.

Blitzstart ins Zeitalter der Metalle. Der Brennofen dieses Töpfers der Jungsteinzeit war bemerkenswert fortschrittlich, wie die Ausgrabungen zeigen, und das gleiche galt für seine Geschicklichkeit in der Benutzung. Der Feuerrost in Bodenhöhe war getrennt von dem eigentlichen Ofen, der aus einer in die Erde gegrabenen Töpfergrube bestand. Ein Feuerzug versorgte den Ofen mit Luft, und der gesamte Brennofen war wahrscheinlich von einem Kuppeldach umschlossen. Am eindrucksvollsten an einem solchen Brennofen war aber die Hitze, die er erzeugen konnte – bis zu 1200 °C –, und das Ausmaß an Kontrolle, das der Töpfer nicht nur über das Feuer, sondern auch über die Luft in der Feuerkammer ausüben konnte. Lange vor dem Auftreten der Shang-Dynastie wußten chinesische Töpfer zum Beispiel, daß Reduktionsluft – mit niedrigem Sauerstoffgehalt – die Ware dunkel färbt, während mit Oxydationsluft Töpfe aus demselben Ton heller werden.

Mit Temperaturen von dieser Höhe und mit derartigen Kenntnissen hätten die Töpfer der Jungsteinzeit schon vor der Shang-Dynastie mit Leichtigkeit Kupfer aus Erz verhütten können. Taten sie es? Allem Anschein nach nicht. Es blieb der Shang-Dynastie vorbehalten, die Erfahrung dieser

Töpfer mit dem Wesen des Feuers auszunutzen und die Entstehung chinesischer Metallurgie anzuregen – und zwar mit einem Blitzstart.

In China gab es keine eigentliche Kupferzeit; mit der Entstehung der Metallurgie kam auch gleich die Verwendung von Bronze und die einzigartige chinesische Technik des Bronzegießens. Vielleicht werden die Archäologen nie in Erfahrung bringen, auf welche Weise die Chinesen das Metall kennenlernten, doch man muß einfach darüber staunen, wie schnell sie metallurgische Spezialisten wurden und außergewöhnliche Dinge schufen.

Die Ausgrabungen von Anyang haben den Boden einer Bronzegießerei und, an einem Berghang direkt darüber, den Schmelzofen ans Licht gebracht, der das geschmolzene Metall für den Gußvorgang lieferte. Auf dem Gießereiboden fanden sich verstreute Bruchstücke von Tonschmelztiegeln, die man wegen ihrer konischen Form Generalshelme nennt, sowie Schlacke und grünes Malachiterz. In dieser Hütte scheint kein Zinn verhüttet worden zu sein; wahrscheinlich ließ es sich leichter dort gewinnen, wo es abgebaut wurde, und dann in Barrenform nach Anyang schicken. (Die Gelehrten der Shang-Dynastie hinterließen Listen der Kupfer- und Zinngruben, die ihre Schmiede benutzten; es ist die Rede von 20 Gruben oder mehr, von denen die meisten in einem Umkreis von gut 300 km um die Hauptstadt gelegen sind.)

Der Schmelzofen am Berghang wird durch einen mit Holzkohle verkleideten Graben mit der Gießerei verbunden. Die Länge dieses Grabens – 8,40 m – bezeugt die Hitze, die der Ofen erreichte; das Metall war offenbar so heiß, daß es flüssig blieb, bis es den Gießereiboden erreichte, was bedeutete, daß der Schmied Verhüttung, Legierung und Guß in einem kontinuierlichen – und bequemen – Arbeitsprozeß ausführen konnte.

Chinesische Gußtechnik. Seltsamerweise scheinen die alten Chinesen nichts von der Technik des Gusses in verlorener Form gewußt zu haben, die überall im Vorderen Orient zur Herstellung kompliziert geformter Gegenstände benutzt wurde. Weil die während der Shang-Dynastie entstandenen Bronzen aber so raffiniert geformt sind, nahmen Archäologen zunächst an, sie hätten die Technik der verlorenen Form doch gekannt. Bei näherer Untersuchung der Bronzen selbst und einiger der Tonformen, in denen sie gemacht wurden, stellte sich allerdings heraus, daß sie in Formen gegossen wurden, die man aus vielen Teilen zusammengesetzt hatte.

Wie weitere Untersuchungen ergaben, hatten die Formenbauer ihre Einzelteile so kunstvoll entworfen, daß die meisten Fugenlinien mit den «natürlichen» Kanten der fertigen Gegenstände zusammenfielen – und deshalb kaum zu sehen waren. Außerdem füllten sie die Fugen ihrer zusammengesetzten Formen oft mit einem dünnen Verputz aus Ton. Wenn man sie sehr sorgfältig verfugte, waren die Ritzen später nicht mehr zu erkennen. Trotz der unendlichen Arbeit, die für das Zusammensetzen einer solchen Form –

Dieses dreifüßige Kochgefäß, das man Li-ting nennt, ist reich mit mythologischen Tier- und Spiralmustern geschmückt. Die spiraligen Scheiben – die überall auf der Bronze wiederholt werden – symbolisieren vielleicht Regenwolken, die für gute Hirse- und Reisernten sorgten. Diese Getreide bildeten schon 1600 v. Chr. den Hauptbestandteil der chinesischen Nahrung. Das Gefäß wurde in Nordchina gefunden und von Handwerkern in der Shang-Dynastie (1600–1100 v. Chr.) hergestellt.

die aus bis zu zehn verschiedenen Teilen bestehen konnte – erforderlich war, konnte man jede Form nur einmal gebrauchen. Um den vom Ton umschlossenen Bronzeguß zu erhalten, mußte die Form nach dem Guß zerschlagen werden.

Von sämtlichen Bronzegegenständen, die in Anyang gefunden wurden, ist kein einziger genau wie der andere. Trotzdem gestalteten die Schmiede nicht immer jede Form von Grund auf neu. Archäologen haben eine Art genormtes Model gefunden, nach denen man die Formen herstellte. Die Models bestehen aus Ton, Stein oder Metall, und auf ihrer Oberfläche finden sich Spuren rotgemalter Linien – Anmerkungen für Änderungen, die der Formenbauer an seinem Endprodukt anbringen wollte. Die gemalten Linien deuten beispielsweise ein andersartiges Federkleid eines Vogels oder ein geändertes Ornament auf dem Rand einer Tasse an.

Bei der Benutzung eines Models bedeckte der Formbauer dessen Oberfläche mit feuchtem Ton, ließ den Ton fest, aber nicht hart werden und hob diesen Tonmantel dann mit einem Messer vom Model ab. Nach den roten Leitlinien, die sich vom Model auf den Ton übertragen hatten, konnte er dann Einzelheiten seines Entwurfs in den noch feuchten Ton einritzen oder bestimmte Stellen reliefartig mit zusätzlichem Ton versehen.

Bei der Untersuchung von Bronzen der Shang-Dynastie haben Fachleute auch entdeckt, daß die inneren Konturen oft den äußeren folgen. Eine Wölbung an der Außenseite wird innen oft von einer Vertiefung begleitet. Dieses Ausbalancieren hat die Wirkung, daß die Wände des Bronzegegenstandes gleichmäßig dünn bleiben. Vielleicht geschah das aus Sparsamkeitsgründen oder damit die Objekte leicht wurden. Im Gegensatz zum eigentlichen Gußvorgang blieb die Technik, mit der man diese dünnen Wände schuf, bis heute ein Rätsel.

Die Verwendung zusammengesetzter Formen erlaubte den Schmieden der Shang-Dynastie eine Art Gußrationalisierung, die sich möglicherweise arbeitssparend auswirkte. Mehrere Bronzen lassen darauf schließen, daß man einige ihrer Bestandteile vorfertigte und dann in die Form legte, um sie in das fertige Produkt zu integrieren. Bestimmte Pokale, die man *Ku* nannte, wurden beispielsweise hergestellt, indem man eine vorgegossene Bronzescheibe, den späteren Pokalfuß, in die Gußform legte; dann goß man die Bronze, und der Fuß wurde zum festen Bestandteil des Pokals.

Kataloge für Bronzegegenstände. Die Liste der Gegenstände, die von den Metallschmieden der Shang-Dynastie in Bronze gegossen wurden, ist anscheinend endlos, teilweise weil chinesische Forscher die Objekte nicht nur nach der Form, sondern auch nach der Funktion klassifizieren. Deshalb bilden die acht verschiedenen Arten von Koch- und Eßgefäßen, die acht Arten von Wassergefäßen und die 14 Arten von Trink- und Serviergefäßen getrennte Kategorien, je nachdem, ob sie einen gewölbten oder einen flachen

Boden haben, ob sie einen durchgehenden ringförmigen Fuß oder drei oder vier Füße aufweisen, ob sie mit einem Deckel versehen sind oder nicht.

Die Liste wird noch komplizierter durch die stilistischen Änderungen, die im Verlauf der 500 Jahre dauernden Shang-Dynastie auftraten. Frühe Bronzen zum Beispiel sind relativ einfach geformt, und die Dekorationen – zum Teil geometrische Muster, zum Teil stilisierte Darstellungen von Tigern, Hirschen, Eulen, Elefanten, Wasserbüffeln und dergleichen – bestehen aus feinen Linien. Später werden die Formen schwerer, strenger, und die Schmucklinie verdickt sich zum Band. Dann werden die Linien weniger winklig, man rundet die Ecken ab und unterscheidet schärfer zwischen Tiermotiven und geometrischen Mustern; die Tiermotive gewinnen im China der damaligen Zeit übrigens immer mehr die Oberhand, während die geometrischen Elemente langsam, aber sicher in den Hintergrund gedrängt werden.

Die Schmiede arbeiteten offenbar für die Reichen, und das erklärt vielleicht, weshalb sie relativ wenige Bronzewerkzeuge produzierten. Von den vielen Hunderten Bronzegegenständen der Shang-Zeit, die man bisher in Anyang ausgrub, war nur eine Handvoll für den Alltagsgebrauch bestimmt: Insgesamt drei Bronzespaten und nicht mehr als zehn Äxte und Dechsel aus Bronze!

Nach den Fundortumständen und den Inschriften zu urteilen, wurden alle anderen Gegenstände für den Adel hergestellt, der sie bei der Jagd und im Krieg und für die nie abreißende Kette von Zeremonien benutzte, mit denen die alten Chinesen den Kontakt mit ihren Ahnen und Göttern aufrechterhielten. Die Bauern, sogar die Handwerker, welche die Bronzen sorgfältig in ihren Gießereien formten, begnügten sich mit elementaren Werkzeugen aus Stein und Knochen. Das dauerte noch etwa 1200 Jahre, bis mit dem Eisen die Metalle auch in das Alltagsleben der einfachen Menschen eindrangen – das war in China nicht anders als im Vorderen Orient und in Europa.

Offenbar kannten die Chinesen das Geheimnis der Eisenherstellung, lange bevor sie dieses Metall tatsächlich praktisch verwendeten. Ihre Schmelzöfen wurden so heiß, daß sie nicht nur Eisen verhütten, sondern auch verflüssigen konnten – eine Leistung, die von den Metallschmieden des

Ein Fabelwesen aus Säugetier, Vogel und Reptil stellt der Weinkrug oder Kuang dar, bei dem ein katzenartiger Kopf die Tülle, eine rundäugige Eule einen Teil des bauchigen Deckels, ein Vogelkopf den Henkel und Schlangenschuppen den gedrungenen Körper bilden. Letzterer hat die Form eines brütenden Vogels mit eingezogenen Füßen. Der feingearbeitete Deckel ist abnehmbar, so daß man den Wein aus dem Krug gießen konnte. Wie das auf den Seiten 114/115 abgebildete Gerät stammt auch dieses Gefäß aus der Shang-Dynastie.

Westens erst mehr als tausend Jahre später erbracht wurde. Und bei der Ausarbeitung der komplizierten dekorativen Effekte ihrer Keramiken hatten die chinesischen Töpfer schon genug über Reduktionsluft gelernt, um das entscheidende Gasgemisch herstellen zu können, mit dem sich Eisen aus seinen Erzen gewinnen läßt.

Eisen in der «Zeit der kämpfenden Reiche». Trotzdem wendeten die Chinesen ihr Wissen erst um 600 v. Chr. an – gut tausend Jahre nachdem die Bronzeschmiede der Shang-Zeit eine solche Meisterschaft über ihr Material erlangt hatten. Die Verzögerung lag vielleicht in der Nachfrage oder mangelnden Nachfrage begründet. Chinesische Aristokraten fanden Eisen wohl nicht besonders reizvoll und ermutigten ihre Schmiede deshalb nicht, damit zu arbeiten. Die Überlegenheit des Eisens als Waffenmaterial zeigte sich ihnen vielleicht erst durch die wachsenden Handelsbeziehungen mit dem Westen.

Was auch immer der Grund für die Dauer der Bronzezeit in China sein mag – als die Eisenzeit kam, kam sie mit überraschender Plötzlichkeit. Ganz abrupt tauchten in chinesischen Gräbern Gegenstände aus Eisen auf, wo es vorher nur Bronze gegeben hatte, und nicht nur zwei oder drei Gegenstände, sondern zahlreiche. Sie waren auch nicht nur aus Schmiedeeisen, sondern auch aus Gußeisen hergestellt – und das Eisen war, wie früher die Bronze, in außerordentlich kunstvolle Formen gegossen. Interessanterweise trat das neue Metall am Anfang einer Periode der chinesischen Geschichte auf, die man «Zeit der kämpfenden Reiche» nennt, eine Zeit von Bürgerkriegen zwischen rivalisierenden Königreichen, die dem Zusammenbruch jener zentralisierten Machtausübung, wie die Chou-Dynastie sie gepflegt hatte, folgte.

In der Zeit der kämpfenden Reiche, die ungefähr 200 Jahre dauerte, wurde Eisen nicht nur für Schwerter, sondern auch für Pflugscharen das beherrschende Metall. Eiserne Äxte, Dechsel, Meißel, Spaten, Sicheln und Hacken gelangten aus chinesischen Gießereien in die Hände der Bauern, die Chinas Land bestellten, und verursachten eine Art Revolution in der chinesischen Landwirtschaft und sogar im Aussehen der chinesischen Landschaft. Mit besseren Werkzeugen konnte der chinesische Bauer weit mehr Ackerland roden und kultivieren, Gebiete entwässern, die vorher Sümpfe waren, und Land bewässern, das vorher so trocken war, daß man es höchstens als Weide nutzen konnte. Bei dieser intensiven Kultivierung produzierte das Land mehr Nahrung für eine größere Bevölkerung, als für die eigentliche landwirtschaftliche Tätigkeit nötig war, und die freien Arbeitskräfte fanden als spezialisierte Handwerker Arbeit in den Orten und Städten, wodurch sich auch die Struktur des urbanen Lebens entscheidend änderte.

Die chinesische Stadt war von jeher ein religiöser und administrativer Mittelpunkt gewesen, der nur von den Adeligen bewohnt wurde, die den

Staat leiteten: vom Fürsten, seinen Ratgebern, seinen Kriegsherren und Baronen und von den Edlen der aristokratischen Familien, die ihm als Beamte dienten. Diese exklusive Gesellschaft hatte sicher und in Freuden in einer mauergeschützten Stadt gelebt, hinter der das freie Land mit den Feldern lag, die von den Bauern bestellt wurden.

Jetzt erhielt die Stadt außerhalb der ersten eine zweite Schutzmauer; innerhalb dieser neuen Befestigung entstand eine geschäftige Siedlung von Handwerkern, mit Straßen, in denen die jeweiligen Spezialisten wohnten und ihre Produkte zur Schau stellen konnten. So gab es ein Viertel für Juweliere, eines für Raritätenhersteller, eines für Männer, die mit Fellen und Leder, mit Stoffen und Kleidungsstücken arbeiteten. Eine Straße war von Drogistenläden gesäumt; Wein- und Lebensmittelhändler hatten ebenfalls ihr eigenes Viertel. Die Werkstätten der Bronze- und Grobschmiede waren ein wesentlicher Bestandteil dieses Geschäftslebens, sie produzierten Handelsartikel, um die Schatztruhen der Stadt zu füllen – und lieferten Waffen, die dem Herrscher Shih Huang Ti, dem «Ersten, erlauchten Kaiser», schließlich, am Ende der Zeit der kämpfenden Reiche, China unter der Ch'in-Dynastie vereinigen halfen.

6. Die Goldreiche

In der Neuen Welt unterscheidet sich die Geschichte der Metallurgie fast in jeder Beziehung von der Art, wie die Menschen der Alten Welt Metalle benutzten – und diese Unterschiede sind faszinierend. Die Menschen in Nord- und Südamerika entdeckten die Metalle viel später, entwickelten andere Bearbeitungstechniken, gaben ihnen sogar eine andere Rangfolge der Bedeutung. Kupfer war zum Beispiel das Metall, das den Beginn der Metallurgie in der Alten Welt beherrschte, und Kupfer und seine Legierungen inspirierten die Metallschmiede der Alten Welt schließlich zur Herstellung nützlicher Werkzeuge. In der Neuen Welt wurde Kupfer dagegen vergleichsweise wenig beachtet. Die Metallschmiede Amerikas zogen es vor, in erster Linie mit Gold zu arbeiten – und diese Entscheidung hatte tiefgreifende Auswirkungen auf die Rolle, die Metalle in den präkolumbischen amerikanischen Gesellschaften spielen sollten.

Es gibt selbstverständlich Gründe für die Unterschiede zwischen der Metallurgie der Alten und der Neuen Welt, und einige davon lassen sich relativ leicht erkennen. Die Völker Amerikas hielten es offenbar nicht für notwendig, ihre Steinzeit-Werkzeuge gegen Metallwerkzeuge einzutauschen. Peruanische Steinmetze waren imstande, ihre Bausteine so genau zu schneiden und aneinanderzupassen, daß sie ihre beachtlichen Tempel und Paläste ohne Mörtel bauen konnten – und dazu brauchten sie keine anderen Geräte als ihre Steinwerkzeuge.

Und im Gebiet der nordamerikanischen Großen Seen, wo man das gediegene Kupfer aus kupferführenden Felsen hacken konnte, hämmerten die Indianer es zu Pfeil- und Speerspitzen, lernten aber nie, das Metall ausreichender Hitze auszusetzen, damit es schmolz. Offenbar gab es in ihrem Alltagsleben nichts, das sie zu solchen Bemühungen anspornte; sie hatten auch keine spezifischen Erfahrungen mit Feuer, weil sie keine Keramiken brannten. Erst dadurch waren die Menschen im Vorderen Orient und in China ja in der Lage gewesen, in den Brennöfen, in denen sie Töpfe brannten, hohe Temperaturen und die richtige Reduktionsluft zu erzielen.

Unabhängig vom Bedarf jedoch spielte die Verfügbarkeit der Metalle eine

Eine säulenförmige Krone aus gehämmertem Gold mit geprägten Raubkatzen-Göttern offenbart die Geschicklichkeit der Goldschmiede in einer der ältesten amerikanischen Goldkulturen, der peruanischen Chavin 1200–400 v. Chr.). Die Krone ist insgesamt 24 cm hoch und wurde sehr wahrscheinlich mit einem Stoffband am unteren Rand getragen.

Rolle. Daß die Schmiede des alten Amerika dem Gold soviel und den Gebrauchsmetallen vergleichsweise wenig Aufmerksamkeit zuwandten, lag vielleicht daran, daß Gold so leicht zu bekommen war. In den peruanischen Anden, wo sich ein Großteil der Geschichte der frühen amerikanischen Metallurgie vollzog, gab es vermutlich mehr Gold als irgendwo anders auf der Welt. In der Urzeit, als die Erdkruste entstand, erzwang sich goldhaltiges Magma aus dem flüssigen Erdkern seinen Weg in die Felsen, die die Anden bildeten. Dort kühlte es ab, und als die Berge aufragten, waren die Goldadern dem Wetter und der Erosion ausgesetzt, so daß die Körner und Klumpen des Metalls abbrachen und sich schließlich in den Flußbetten wilder Gebirgsströme ablagerten.

Die Völker Amerikas hatten sich ohne Verbindung zu der übrigen Menschheit entwickelt – ihre Ahnen waren wahrscheinlich schon vor 36 000 bis 32 000 Jahren aus Asien eingewandert, als Nordamerika noch durch eine Landbrücke in der heutigen Beringstraße mit Asien verbunden war. Während sie sich von Alaska bis nach Feuerland am südlichen Zipfel Südamerikas ausbreiteten, lernten sie, in acht verschiedenen Klimazonen zu leben, verzweigten sich in 300 oder mehr verschiedene Stammesgruppen und entwikkelten über ein Dutzend außerordentlich eigenständige Kulturzentren und etwa 2000 Sprachen.

Doch all das geschah gewissermaßen in einem Kulturgehäuse. Als die Bering-Landbrücke gegen Ende der Wisconsin-Eiszeit vor 13 000 Jahren unter dem Wasser der steigenden Meere versank, wurden die Bewohner Amerikas von anderen Völkern und Zivilisationen abgeschnitten. Teilweise aus diesem Grund haben die von ihnen entwickelten Kulturen eine besonders individuelle Richtung eingeschlagen. Allein in Mexiko und Mittelamerika errichteten sie mit einer Geschicklichkeit und Symmetrie, die mit den handwerklichen Fertigkeiten jeder anderen Architektur der Erde wetteifern können, rund 4000 steinerne Zeremonial-Zentren. Was sie machten, machten sie überragend gut – und das gilt besonders für ihre Metallarbeiten.

Als Albrecht Dürer 1520 den Goldschatz besichtigte, den Cortez an den Kaiser des Heiligen Römischen Reiches Deutscher Nation, Karl V., geschickt hatte, war er überwältigt. «In all meinen Lebenstagen», schrieb er, «sah ich nie etwas, das mein Herz so sehr erwärmte wie diese Dinge.» Und der italienische Geograph und Geschichtsschreiber Peter Martyr von Angheria teilte Dürers Meinung. In einem Bericht an Papst Leo X. über den Inhalt des kaiserlichen Schatzes bemerkte er: «Ich bewundere nicht so sehr das Gold und die Edelsteine – ich staune nur, mit welchem Fleiß und welcher Kunstfertigkeit das Material verarbeitet ist. Vielerlei Arten von Schmuckwerk habe ich bislang schon gesehen, die ich nicht alle aufführen will. Aber soweit ich urteilen kann, habe ich bisher nichts Schöneres erblickt, das in gleichem Maße dem Auge gefallen könnte.»

Leider schienen die Ansichten von Männern wie Dürer und Martyr nicht

Von Geld ist die Rede, von wem noch?

Sein Handwerk war der Krieg . . .

... und so waren ihm die Waffenschmiede lieber als die Goldschmiede. Er hat sogar Gesetze erlassen, die den Verkauf der vorzüglich geschmiedeten Waffen seines Landes an Fremde verboten. Ums Gold mußte er sich nicht so sorgen, das hatten die Besiegten ihm zu liefern.

Kriege führte er dauernd. Während seiner Herrscherzeit gab's nur zwei Jahre ohne Kampf. Ansonsten traf er sich alle Frühjahre wieder im März oder Mai mit seinen Kriegern, erklärte ihnen kurz, gegen wen es dieses Mal gehe, und verbrachte die Sommermonate mit Feldzügen. Zum festlichen Abschluß im Herbst gab's noch eine Jagd auf Wild, mitunter auch eine große Reichsversammlung, dann wurde die Kriegsbeute aufgeteilt, und alle gingen heim bis zum nächsten März. Da traf man sich dann wieder, und jeder Rittersmann hatte Waffen für ein halbes und Verpflegung für ein Vierteljahr im voraus mitzubringen – Lohn gab's erst nach dem Sieg. Ein Zeitgenosse berichtete, wie groß die Beute mitunter war: «Alles Geld und die seit langer Zeit angehäuften Schätze fielen in die Hände der X ... Kein von ihnen geführter Krieg, so weit Menschengedenken reicht, hat diese mehr bereichert und mit Gütern ausgestattet. Während man sie bis dahin beinahe als arm ansehen konnte, fand sich nun im Herrscherbesitz viel Gold und Silber.»

Der Mann, von dem hier die Rede ist, war um diese Zeit über 50 Jahre alt und vor dem Höhepunkt seiner Laufbahn. Er heiratete ein viertes Mal, doch als auch diese Frau wenig später starb, hielt er sich kurzerhand ein ganzes Frauenhaus, was die Zahl seiner Kinder erheblich erhöhte. Und er fand noch Zeit, nachts unter dem Kopfkissen «Tafel und Büchlein hervorzuholen, um in müßigen Stunden seine Hand an das Nachmachen von Buchstaben zu gewöhnen», wie sein Biograph schrieb.

Von seinen Schätzen blieb den Erben nicht viel, denn er stattete die Kirchen reich mit Gold und Silber aus, verschenkte auch sonst viel zu Lebzeiten und gedachte auch mal der Armen. Er starb im 71. Lebensjahr. Von wem war die Rede?

(Alphabetische Lösung: 11–1–18–12 4–5–18 7–18–15–19–19–5)

sehr zu zählen. Montezumas Schatz verschwand. Er ging teilweise verloren, wurde eingeschmolzen und aufgeteilt, wie soviel von dem anderen Gold, das die spanischen Konquistadoren den Azteken, Inka und anderen Indianern abnahmen. Doch aus den bewundernden Schilderungen von Männern wie Dürer und Martyr sowie aus Funden moderner Archäologen geht klar hervor, daß die alten amerikanischen Schmiede mit ihrem Erfindungsreichtum und ihrer Kunstfertigkeit Erstaunliches leisteten.

Wertvolle Versöhnungsopfer. Es gibt zum Beispiel einen außergewöhnlichen Schatz von Goldobjekten, den man vor etwa 60 Jahren vom Grund eines natürlichen Brunnens bei Chichen Itza, einer zu Ruinen zerfallenen Mayastadt in Yucatan, fischte. Der Schatz befindet sich heute im Peabody Museum der Harvard-Universität hinter zwei riesigen Stahltüren, deren Schlösserkombinationen alle 14 Tage geändert werden muß; er wird nur alle sieben Jahre ausgestellt und dann von einer Mannschaft des Detektivbüros Pinkerton bewacht – das Museum kann nämlich nicht die Kosten aufbringen, den Schatz öfter zu zeigen.

Der natürliche Brunnen, in dem man diesen Schatz entdeckte (er entstand durch Verwitterung des Kalksteins), war den Maya heilig, er galt als Aufenthaltsort der Götter des Regens und der Fruchtbarkeit. Die Maya warfen regelmäßig Menschenopfer hinein. Man erwartete, daß die Opfer mit Botschaften von den Göttern zurückkämen.

Nur wenige überlebten, und in einem Bericht des Stadtrates der spanischen Gründung Valladolid heißt es: «An der Öffnung jenes Cenote angekommen, warfen sie beim Morgengrauen aus dem Gefolge jedes ihrer adeligen Herren einige Indianerinnen hinab. Ihnen hatten sie aufgetragen, [die Götter dort unten] um ein gutes Jahr und weitere Wohltaten nach ihrem Gutdünken zu bitten . . . und diese Indianerinnen stürzten mit heftigem Aufschlag aufs Wasser. Zur Mittagsstunde rief die, welche wieder hervorkommen sollte, mit lauter Stimme. Man warf ihr ein Seil hinab, um sie heraufzuholen; halb tot oben angekommen, entzündete man um sie herum große Feuer und beweihräucherte sie mit Copal. Nachdem sie wieder zu sich gekommen war, erzählte sie, daß es unten viele ihres Stammes gäbe. Männer wie auch Frauen, daß man sie ergriffen habe und, da sie den Kopf erhoben hatte, um etwas von ihnen zu sehen, ihr heftige Genickschläge verpaßt habe, damit sie den Kopf senke. Das alles sei unten im Wasser geschehen, wo es auch viele Spalten und Höhlen gebe.»

Außer den Menschenopfern, die man in den Brunnen warf, opferten die Maya auch verschiedene selbstgefertigte Gegenstände. Da man die Götter damit versöhnen wollte, handelte es sich natürlich um Dinge, die den Maya wertvoll waren. Die Eigentümer scheinen sie wirklich besonders sorgfältig ausgesucht zu haben.

Der Schatz aus dem Brunnen enthält Jadeornamente und kostbare Steine,

In der Nähe der heute zerfallenen Mayastadt Chichen Itza liegt ein natürlicher Brunnen, der bei den Maya als Aufenthaltsort der Götter des Regens und der Fruchtbarkeit galt. Neben Menschen opferten sie diesen Göttern auch die ihnen wertvollsten Gegenstände. In diesem Brunnen sammelte sich ein unermeßlicher Gold- und Silberschatz an, der Anfang des 20. Jahrhunderts von dem U.S.-Konsul für Yucatan gehoben wurde (Abbildung). Heute liegt der Schatz im Peabody Museum der Harvard-Universität in einem riesigen Stahltresor, dessen Schlösserkombinationen aus Sicherheitsgründen alle 14 Tage geändert werden.

holzgeschnitzte Artefakte, die den jahrhundertelangen Aufenthalt unter Wasser aus irgendeinem Grund überstanden, sogar Stoffetzen und Stoffteile – die deshalb so wertvoll sind, weil sie Rückschlüsse auf die Webtechniken der Maya ermöglichen. Zu diesem Schatz gehörten darüber hinaus auch viele Gegenstände aus Silber und Gold. Metalle, welche die Maya nicht selbst besaßen, sondern auf dem Handelsweg von anderen Gegenden besorgt

haben mußten, denn sie waren vor allem erfolgreiche Händler.

Diego de Landa, der Franziskaner-Bischof von Yucatan, schrieb 1566 über die Maya: «Der Beruf, dem sie am meisten oblagen, war der des Kaufmanns. Sie brachten Salz, Stoffe und Sklaven nach Ulua [Honduras] und Tabasco. Das alles tauschten sie gegen Kakao und [Edel-]Steinperlen, die ihr Geld darstellten . . .» Zu den Handelswaren, die sie offenbar mitführten, gehörten auch Federn, Fische, Honig, Wachs sowie Messer und Schwerter aus Feuerstein. Für diese Waren bekamen sie Färbemittel, Strähnen gefärbten Kaninchenhaares, Seile, Körperfarbe, Halbedelsteine, Alabaster und Obsidian, Kautschuk sowie Stacheln von Stachelrochen, die sie bei der Jagd benutzten, Pechkiefernholz zur Beleuchtung, Töpfereien und Teller und dünne Goldplatten.

Aus diesem Material hämmerten die Maya viele Goldblech-Ornamente. Dabei erzielten sie hervorragende Ergebnisse. Zu den aus den Brunnen

Ein silberner Becher in Gestalt eines Musikers und die Silberfiguren von Alpakas stammen aus peruanischen Gräbern und wurden durch Treiben modelliert. Die Augen des Musikers bestehen aus Türkisen; die – kürzlich restaurierte – scharlachrote Decke des nur halb abgebildeten Lamas ist bedeckt mit Zinnober, einem Quecksilbererz.

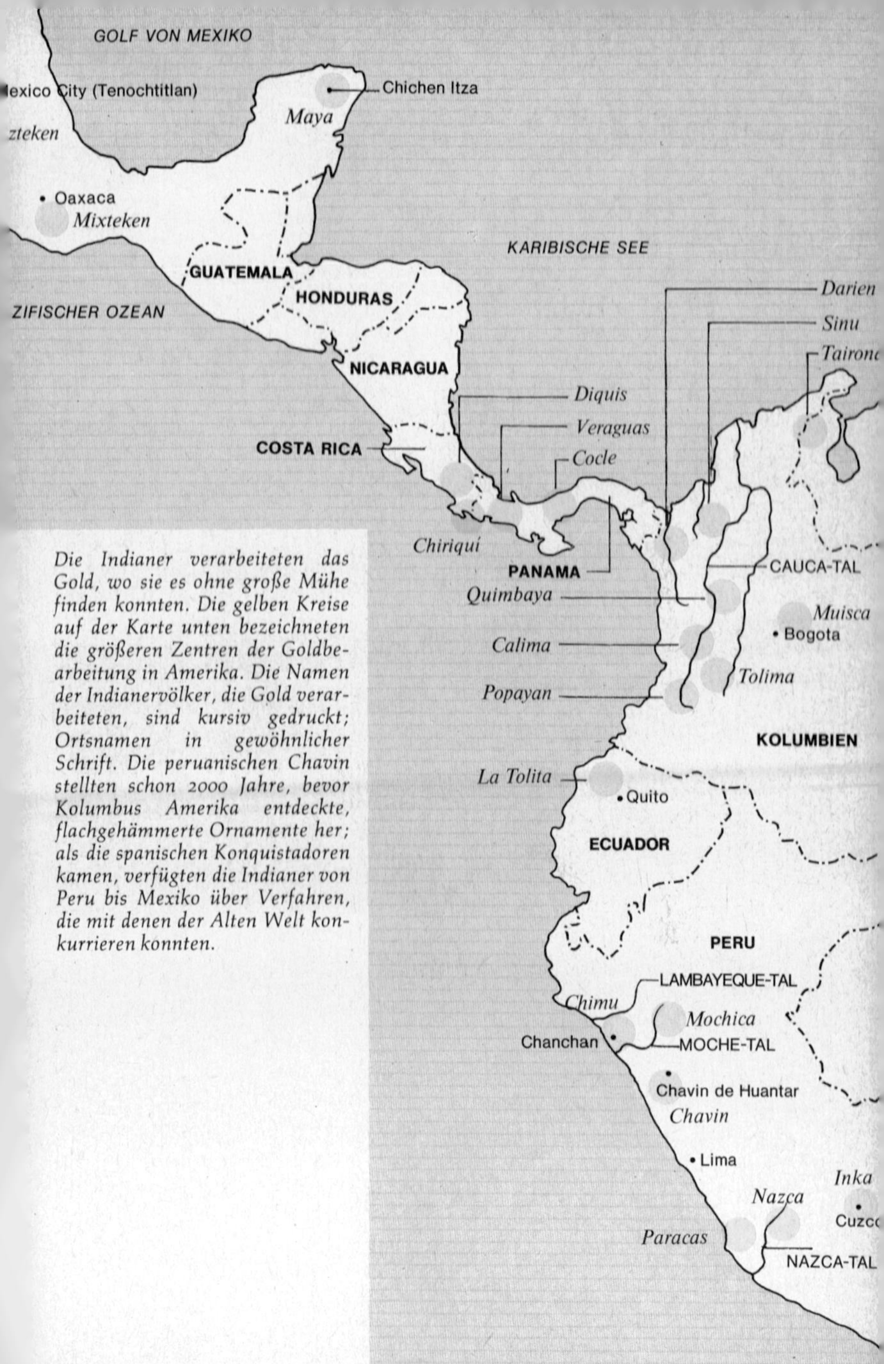

Die Indianer verarbeiteten das Gold, wo sie es ohne große Mühe finden konnten. Die gelben Kreise auf der Karte unten bezeichneten die größeren Zentren der Goldbearbeitung in Amerika. Die Namen der Indianervölker, die Gold verarbeiteten, sind kursiv gedruckt; Ortsnamen in gewöhnlicher Schrift. Die peruanischen Chavin stellten schon 2000 Jahre, bevor Kolumbus Amerika entdeckte, flachgehämmerte Ornamente her; als die spanischen Konquistadoren kamen, verfügten die Indianer von Peru bis Mexiko über Verfahren, die mit denen der Alten Welt konkurrieren konnten.

geborgenen Goldobjekten gehören Scheiben mit einem Durchmesser von 21 cm. Sie stellen in Reliefszenen Schlachten, Gottheiten und Ungeheuer dar.

1519, als die Spanier Mexiko eroberten, hatten die Indianer ihre Fertigkeit in der Metallbearbeitung schon mindestens 2000 Jahre lang vervollkommnet. Doch wie erwarben sie ihre verschiedenen Talente? Woher bekamen sie ihr Wissen? Was führte zu den Anfängen der Metallurgie in Nord- und Südamerika?

Metallurgische Kenntnisse aus China? Über diese Fragen wird unter Wissenschaftlern viel diskutiert, und das Zentralproblem lautet: Erfanden die Amerikaner der Frühzeit die Metallurgie selbst, beschritten sie ganz allein den Weg, den die Schmiede der Alten Welt bereits zurückgelegt hatten? Oder wurden die Kenntnisse von den Metallen irgendwie über das Meer zu ihnen gebracht? Zwischen China und der Nordküste Perus, wo die amerikanische Metallurgie entstand, liegt eine Entfernung von ungefähr 19 000 km. Nichtsdestoweniger gibt es Wissenschaftler, die voller Überzeugung die Theorie vertreten, die metallurgischen Kenntnisse seien irgendwie auf diesem Weg in die Neue Welt gelangt. Sie nehmen an, daß möglicherweise ein Fischerboot – ähnlich wie die Kon-Tiki – mit seiner Besatzung von den Meeresströmungen fortgetrieben und dort, wo die Strömung Amerika erreichte, an Land gespült worden sei.

Dafür spricht, daß einige Artefakte der Neuen und Alten Welt Ähnlichkeiten in Form und Konstruktion, sogar Ähnlichkeiten im Herstellungsverfahren zeigen. Die kolumbianischen Schmiede «erfanden» zum Beispiel eine Variante des Gusses in verlorener Form.

Aus den archäologischen Funden geht hervor, daß die Metallurgie Amerikas – wie auch immer sie entstand – zuerst in den nördlichen Anden aufkam und sich von dort ausbreitete. Die ersten Amerikaner, die ausgiebig mit Metall experimentierten und einen charakteristischen Stil der Metallarbeit entwickelten, lebten in der Umgebung des Fundortes Chavin de Huantar, nicht unweit vom heutigen Huanuco in Peru.

Der Chavin-Stil. Die Chavin begannen um 900 v. Chr. zu einer Kultur im Sinne der Archäologie zu verschmelzen. Sie verehrten Götter, die sie als Tiere darstellten, und die Tempel, die sie ihnen bauten, waren die Prototypen der Pyramidentempel, die später überall in Mexiko, Mittelamerika und den Hochebenen der Anden errichtet wurden. In dem dreigeschossigen Chavin-Tempel befand sich ein honigwabenartiges System von Gängen, die, ganz wie das kretische Labyrinth, in einen zentralen Raum führten, wo ein 4,50 m hocher behauener Steinblock mit menschenähnlicher Gestalt, Jaguar-Reißzähnen und Haaren in Schlangenform stand. Die Gänge waren zwar unbeleuchtet, wurden aber belüftet – mittels eines alten, noch heute funktionierenden Systems von Luftschächten.

Irgendwann nach 600 v. Chr. begannen die Chavin mit Gold zu experimentieren, hämmerten es zu dünnen Platten, schnitten die Platten in verschiedene Formen, schmückten die feinen Metallstücke dann in einem Prozeß, den man Prägen nennt. Der Werkzeuge, mit denen sie das Metall bearbeiteten, waren Steinhämmer, Steinmesser und Steinpfrieme, die wahrscheinlich in Verbindung mit einem Lederstück benutzt wurden, um Muster in das Gold zu drücken. Die Wirkungen, die sie mit diesen einfachen Werkzeugen erzielten, waren erstaunlich.

Die Chavin-Muster sind außerordentlich hoch entwickelt, besonders für noch unerfahrene Metallschmiede. Bei den meisten handelt es sich um stilisierte Bilder von Jaguaren, Schlangen und Krokodilen. Sich wie das Unterholz des Dschungels windend und ineinander verflechtend, strahlen diese Zeichnungen eine gewisse grausame Kraft aus. Sie sind den in Stein gehauenen Basreliefs der Chavin-Tempel nicht unähnlich, und tatsächlich wurden die Goldschmiede wahrscheinlich von der Bildhauerkunst inspiriert.

Die Chavin stellten nicht nur Goldplatten her, sondern formten und hämmerten sie auch zu großartigen dreidimensionalen Objekten. Bei einer Ausgrabung fanden Archäologen bei dem Ort Chongoyape eine fast 25 cm hohe gehämmerte Goldkrone, Pinzetten zur Entfernung von Gesichtshaaren (die relativ bartlosen Indianer brauchten keine Rasiermesser) und eine Art Ohrschmuck, den man Ohrenscheibe nennt und der in einem Loch im Ohrläppchen befestigt wurde. An anderen Fundorten entdeckten die Archäologen Goldgefäße mit Rohrtüllen, die aus drei oder mehr Teilen zusammengesetzt waren, und einen wirklich bemerkenswerten Löffel, dessen Handgriff aus der gekrümmten Figur eines Mannes besteht, der in ein Seeschneckengehäuse bläst. Kopf, Ohren, Arme, Hände, Füße und Leib dieser Figur wurden getrennt geformt und dann zusammengelötet.

Der Chavin-Stil verschwand um 400 v. Chr., aber vorher hatten seine Anhänger ihre Technik der Metallbearbeitung – und ihre Götter – an andere peruanische Völker weitergegeben. Dazu gehörte die Mochica-Kultur, die sich im Tal des Flusses Moche in der Nähe der peruanischen Küste entwickelte und zuletzt auch benachbarte Flußtäler erfaßte. Die Mochica bauten in viel größerem Maßstab, als es die Chavin getan hatten, und umgaben ihre Pyramidentempel mit terrassenartig gebauten Städten, in denen eine Bevölkerung von Priestern und Laien wohnte, was schließlich zur Entstehung einer komplexen urbanen Gesellschaft führte.

In wirtschaftlicher Hinsicht blieben sie jedoch Bauern, obgleich ihre landwirtschaftlichen Methoden ziemlich weit fortgeschritten waren. Sie kannten zum Beispiel Bewässerung und besuchten regelmäßig die Inseln vor der Küste, um Guano zu sammeln, den natürlichen Dünger, der von den dort nistenden Vögeln zurückgelassen wird – wie es die peruanischen Bauern noch heute tun. Das vitale Mochica-Volk stellte reich gemusterte Textilien und große Mengen von Keramiken her, die sie mit detaillierten Szenen aus

Vor der Behandlung ist die Legierung – aus Gold, Kupfer und Silber – von gleichmäßiger Konsistenz; die Atome der drei Elemente sind gleichmäßig vermischt.

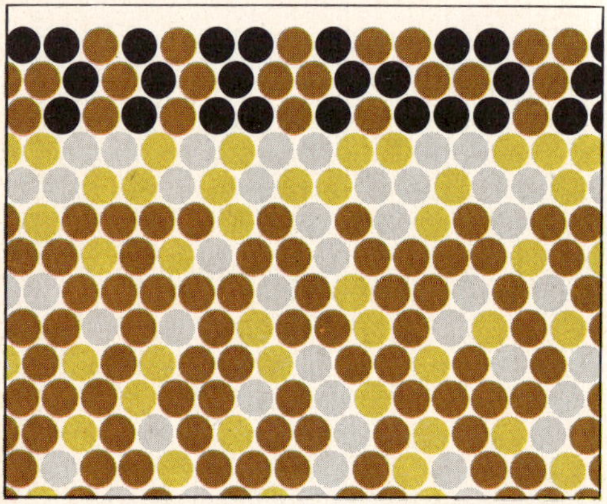

Das erste Erhitzen über einer offenen Flamme bringt die Kupferatome in der obersten Schicht zum Oxydieren – sie verbinden sich mit Sauerstoff (schwarze Punkte).

Beim Eintauchen des Gegenstands in eine schwach säurehaltige Beize verschwindet die schwärzliche Schicht aus oxydiertem Kupfer von der Oberfläche.

Die Behandlung mit einer stark säurehaltigen, pastenähnlichen Lösung dient zur Auflösung des Silbers. Was bleibt, ist eine poröse Oberfläche aus reinem Gold.

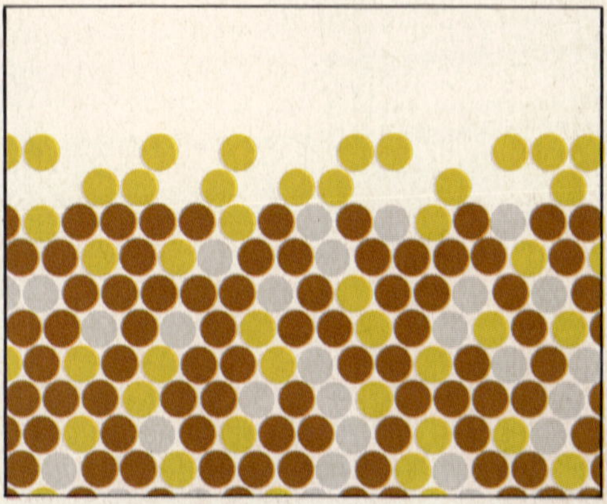

Durch abermaliges Erhitzen und anschließendes Polieren werden die Goldpartikeln zu einer gleichmäßigen Oberflächenschicht aus reinem Gold geglättet.

Die Abstrichvergoldung der Mise-en-couleur-Vergoldung, eine von den peruanischen Indianern entwickelte raffinierte Methode, verleiht Gegenständen, die nur zum Teil aus Gold bestehen, das Aussehen puren Goldes. Die Schaubilder auf diesen Seiten zeigen, wie diese Technik bei Metallblech funktionieren würde, das zu 60 % aus Kupfer (braune Punkte), zu 20 % aus Silber (graue Punkte) und nur zu 20 % aus Gold (gelbe Punkte) besteht. Bei den aufeinanderfolgenden Arbeitsgängen wird das Metall erhitzt, in eine schwach säurehaltige Lösung, die man «Beize» nennt, eingetaucht, dann noch einmal mit einer etwas stärker ätzenden säurehaltigen Paste behandelt und schließlich poliert. Das Ziel besteht darin, alle Elemente außer Gold von der Oberfläche zu entfernen: zuerst das Kupfer, dann das Silber. Was zurückbleibt, ist eine rein goldene Oberfläche.

dem Alltagsleben schmückten, und in ihre Metallpalette nahmen sie außer Gold nun auch Kupfer und Silber und Legierungen aus allen dreien auf. Doch obwohl die Mochica-Schmiede die Gußtechnik kannten, zogen sie die ältere Methode vor, das Gold in dünne Platten zu hämmern, wie es die Chavin getan hatten.

Es blieb anderen Völkern im heutigen Kolumbien und Ecuador vorbehalten, die Technik des Metallgusses zu vervollkommnen und, noch wichtiger, Metallgegenstände aus zwei Legierungen zu gießen, die es nur in Nord- und Südamerika gab.

Gold-Platin-Legierungen. Eine dieser Legierungen bestand aus Gold und Platin, und sie wurde wahrscheinlich schon vor 1000 v. Chr. von ecuadorianischen Schmieden entwickelt. Platin ist ein Metall, das erst bei 1773 °C schmilzt, bei einer Temperatur, die weit über die Kapazität der besten Schmelzöfen jener Zeit hinausging.

Um es mit Gold zu kombinieren, mischten die Schmiede Ecuadors Gold mit winzigen Platinkörnern, erhitzten die Mischung, bis das Gold schmolz und sich mit den Platinpartikeln zu einer kompakten Masse verband. Die Mischung wurde anschließend mehrmals gehämmert und erhitzt, bis die entstandene Masse so homogen war, als wären beide Metalle zusammengeschmolzen. Das gleiche Verfahren ist heute als Sintern bekannt und wird bei der Bearbeitung anderer Metalle mit hohen Schmelzpunkten angewendet, zum Beispiel Wolframkarbid und Titan.

Kupfergold – Tumbaga. Die andere Legierung, die es nur in Amerika gab und die von Schmieden im Gebiet des heutigen Kolumbien, Panama und Costa Rica entwickelt wurde, ist eine Legierung von Kupfer und Gold, die man *Tumbaga* nennt. Eine Zeitlang beherrschte *Tumbaga* das amerikanische Metallhandwerk, wie das Kupfer eine bestimmte Periode des europäischen Metallhandwerks beherrschte. Das Außergewöhnliche an dieser Legierung war, daß alles, was aus ihr bestand, wie gediegenes Gold aussah – selbst dann, wenn der Kupfergehalt hoch war.

Mit *Tumbaga* konnten die Schmiede «goldene» Gegenstände herstellen, die einen Kupferanteil von bis zu 50 Prozent hatten – oder noch mehr, wenn sie eine deutliche Rotfärbung wünschten –, doch war dies nicht der wahre Grund für die Beliebtheit der Legierung in den gold- und kupferreichen Anden. Der Kupferzusatz bewirkte, daß die Mischung bei einer Temperatur schmolz, die niedriger war als der Schmelzpunkt beider Metalle. Und das erlaubte den kolumbianischen Goldschmieden wiederum, Goldobjekte in Öfen zu gießen, die nicht sehr leistungsfähig waren. Die Schmiede konnten das fertige Produkt auch fast so hart wie Bronze machen, indem sie es mehrmals hämmerten.

Das Besondere bei *Tumbaga* ist, daß man beim fertigen Gegenstand das

Kupfer an der Oberfläche entfernen kann, was ihm den äußeren Glanz reinen Goldes verleiht – und das ist es an der Oberfläche auch. Bei einem dazu geeigneten Verfahren erhitzt man den Gegenstand so sehr, bis das Oberflächenkupfer zu oxidieren beginnt – dieser Punkt liegt noch beträchtlich unter dem Schmelzpunkt des Goldes, und deshalb wird die Form des Gegenstands nicht geändert. Das oxidierte Kupfer bildet eine schwarze Schicht; sie wird anschließend durch Eintauchen des Gegenstands in eine «Beize» aus Urin oder irgendeinem säurehaltigen Pflanzensaft entfernt. Das Ergebnis ist eine Oberfläche aus reinem Gold.

Dieses geniale Verfahren ist das genaue Gegenteil von Goldplattierung; statt das Metall an der Oberfläche eines Gegenstands aufzubringen, wird ein Teil der Oberfläche abgenommen. Im Prinzip hat es viel Ähnlichkeit mit dem Prozeß, den mittelalterliche Alchimisten zur «Vervielfachung» von Gold und japanische Schmiede des 16. Jahrhunderts zum Vergolden der Münzen ihres Landes benutzten. Moderne Metallurgen fassen diese Verfahren oft unter der allgemeinen Bezeichnung *Mise-en-couleur*-Vergoldung zusammen. Die kolumbianischen Schmiede benutzten es nur bei *Tumbaga*. Andere amerikanische Schmiede machten sich die Idee jedoch zu eigen und verwendeten sie auf andere Arten.

In Peru beispielsweise wurde die Technik bei einer Legierung aus Silber und Kupfer verwendet, so daß der Gegenstand schließlich wie reines Silber aussah. Und eine besonders kunstfertige Gruppe peruanischer Schmiede, die zum Chimu-Volk gehörte, stellte eine Legierung her, die wie *Tumbaga* eine Außenfläche aus reinem Gold hatte, aber nicht zwei, sondern drei Metalle enthielt: Kupfer, Silber und Gold. Bei der Analyse verschiedener Chimu-Arbeiten kamen Metallurgen zu dem Ergebnis, daß man das Kupfer durch Oxidieren und «Beizen» entfernte und den Gegenstand anschließend in irgendeiner ätzenden Chemikalie badete oder damit abrieb, um das Silber zu entfernen. Eine Paste aus feingemahlenem Eisensulfat gewöhnlichem Speisesalz könnte zum Beispiel ein solches Resultat bewirken. Und sowohl Salz als auch Eisensulfat gibt es reichlich in der Gegend, wo die Chimus lebten.

Metallguß in verlorener Form. In dem Gebiet, wo *Tumbaga* entstand, wurde wahrscheinlich auch zum erstenmal in Amerika der Metallguß zur Kunst entwickelt – wobei sich die dort entwickelten Techniken später nordwärts bis nach Mexiko und südwärts bis nach Peru ausbreiteten. Kurz nach Beginn der christlichen Epoche scheinen die Goldschmiede Kolumbiens das Geheimnis des Gusses in verlorener Form entdeckt zu haben. Sie formten ihre Models aus Bienenwachs, überzogen sie mit einer dünnen Mischung aus gemahlener Holzkohle und Ton, damit die Form eine glatte Oberfläche erhielt, bedeckten den Model dann mit feuchtem Ton und brannten ihn, wobei die Form erhärtete und das Bienenwachs ausschmolz.

Viele der frühen kolumbianischen Gußobjekte sind von so komplizierter

Obgleich der Schmelzpunkt von Platin (1773° C) auch die höchsten Temperaturen, die von den alten Schmieden erzeugt werden konnten, weit übertrifft, ersannen Indianer in Ecuador eine Methode, Platin mit Gold zu legieren. Bei diesem «Sintern» band das Gold die Platinpartikeln zusammen. Oben: Das Sintern beginnt mit einer losen Mischung, die in diesem Fall aus 20 % granuliertem Gold (gelbe Körnchen) und 80 % Platinstaub (weiße Körnchen) besteht. Mitte: Das Gold schmilzt, wenn es auf über 1000° C erhitzt wird, und bildet einen Mörtel, der die immer noch festen Platinpartikeln umhüllt und dauerhaft zusammenfügt. Unten: Wenn die Legierung abgekühlt und hart geworden ist, wird sie wiederholt erhitzt und gehämmert, um sie kompakter zu machen und die ungeschmolzenen Platinteilchen flachzuklopfen.

Oben: Der auf den Kopf gestellte Chimu-Becher zeigt einen Kopf mit tropfenförmigen Augen, Ohrenscheiben und einer Art Mundmaske. Der Becher erhielt zunächst die Rohform, indem man eine Goldplatte über einen Holzblock hämmerte; die Feinheiten wurden im nächsten Arbeitsgang durch weiteres Hämmern auf einem Holzmodell hinzugefügt. Unten: Dieser Quimbaya-Nasenring ist dünn genug, um wie gehämmert zu wirken, wurde aber in Wirklichkeit im Guß in verlorener Form hergestellt und dann sorgfältig auf Hochglanz poliert.

Form, daß die Schmiede ihre Technik verblüffend gut beherrscht haben müssen. Beim Guß einer schwierigen Form besteht zum Beispiel die Gefahr, daß das Metall an kleinen Ausbuchtungen, Taschen und Winkeln in den Konturen der Tonform vorbeifließt, weil sich häufig die vor dem Metall durchziehende Luft in den Taschen sammelt und kein Metall einläßt. Um diesem Effekt zu begegnen, muß an den Taschen ein Abzug angebracht werden, damit die Luft entweichen kann. Die Ventile muß man in die Form integrieren. Die kolumbianischen Goldschmiede wußten das. Ihre Wachsmodels hatten dünne Wachsfäden, die von den Stellen, wo es wahrscheinlich zur Bildung von Taschen kommen würde, zur Außenfläche der Form führten – Fäden, die anschließend zu Luftschächten wurden, wenn das Wachs geschmolzen war.

Einige der schönsten Beispiele des Gusses in verlorener Form, die es auf der Welt gibt, stammen aus dem Tal von Oaxaca in Zentralmexiko. Mixtekische Schmiede, die hier lebten, verfeinerten das Verfahren ein oder zwei Jahrhunderte vor der Ankunft Cortez' und führten es zu einem absoluten Höhepunkt. Die Mixteken machten winzige, innen hohle Goldfiguren, die in jeder Einzelheit vollkommen sind. Es gibt einen nur etwa 13 mm hohen Eulenkopf mit lebensecht geformten Federn und einen noch kleineren Adlerkopf im gleichen Stil. Viele Mixtekenornamente sind Mehrfachgüsse aus vielen, zum Teil beweglichen Einzelelementen. Ein Miniaturanhänger in Form eines Schädels hat genau ausgearbeitete Kiefergelenke, die sich öffnen und schließen, wenn der Träger sich bewegt. An dem Schnabel eines herabstoßenden Adlers hängt ein Schmetterling, an dem vier Reihen aus goldenen Quasten und winzigen goldenen Glöckchen angebracht sind, die gegeneinander schwingen und eine feine Musik erzeugen – und das ganze kunstfertige Gebilde ist nur 5 cm hoch.

Aber die größte Leistung der mixtekischen Schmiede lag vermutlich in ihrer Fähigkeit, Filigran zu gießen – Filigran wird normalerweise hergestellt, indem man dünne Metalldrähte so lange biegt und zusammenlötet, bis man das gewünschte Muster hat. Um ihre Filigrangüsse herzustellen, spritzten die Mixteken durch irgendeine Röhre, vielleicht einen hohlen Schilfhalm, einen weichen Wachsfaden auf den Kern der Tonform. Beim Austritt aus der Röhre ließ sich das Wachs zu verschiedenen Mustern oder Ornamenten formen – ganz wie ein Bäcker heutzutage seine Torten mit Zuckerguß-Rosetten und Geburtstagsglückwünschen schmückt.

Als die Azteken Zentralmexiko unter ihre Kontrolle brachten und ihr Reich errichteten, wurden die mixtekischen Schmiede ihre Lehrer. Eine Gruppe mixtekisch inspirierter Metallarbeiter lebte in einem Dorf vor der Aztekenhauptstadt Tenochtitlan – dem heutigen Mexico City. Und bei einem großen Teil des von Cortez gestohlenen Montezuma-Schatzes handelte es sich in Wirklichkeit um mixtekische Arbeiten oder Entwürfe. Als der spanische Missionar Toribio de Benavente, genannt Motolinia, schrieb, die

Azteken könnten «einen Vogel mit beweglichem Kopf, Zunge, Füßen und Krallen gießen und in die Krallen ein Spielzeug legen, so daß er damit zu tanzen scheint», schilderte er offensichtlich einen Ziergegenstand, den die Mixteken ersonnen hatten.

Der größte Gold- und Silberraub in der Geschichte. Der von Toribio de Benavente beschriebene Vogel hatte wahrscheinlich das gleiche Schicksal wie das übrige Gold der Azteken, das die spanischen Konquistadoren raubten.

Dieser Verlust war jedoch vergleichsweise gering gegenüber dem, was den Inka an Werten durch die erobernden Europäer geraubt wurde. Wissenschaftler schätzen, daß Cortez 680 Pfund Silber und 7250 Pfund Gold aus Mexiko mitnahm. Pizarro dagegen raubte in Peru 120 000 Pfund Silber und 15 700 Pfund Gold!

Die Inka waren die letzte und zweifellos größte präkolumbische Kultur Amerikas. Alle ihre Vorgänger hatten die Entwicklung von künstlerischen und handwerklichen Fertigkeiten wie Architektur, Töpferei, Weberei und Metallurgie vorangetrieben. Insgesamt hatte die Andenzivilisation eine wirklich sehr hohe Stufe erreicht, als die Inka kamen. Mehr als sechs Millionen Indianer lebten in den zerklüfteten Gebirgstälern zwischen Kolumbien und Chile und praktizierten eine intensive und effektive Form der Landwirtschaft. Ihre Felder zogen sich terrassenförmig Hunderte von Metern an den Berghängen empor und wurden von kunstvoll angelegten Aquädukten bewässert, die das Wasser aus einer Entfernung von vielen Kilometern herbeiführten.

Die Inka, die all diese Völker besiegten und in einem Reich vereinigten, sind in vieler Hinsicht noch ein Geheimnis geblieben. Ihre Herkunft verliert sich im Dunkel der Legende. Offenbar erschienen sie zuerst um 1200 v. Chr. in der Nähe von Cuzco, der Stadt, die später die Metropole ihres Reiches wurde. Unter einer Folge brillanter Herrscher (deren Titel – Inka – dem Reich seinen Namen gab) erweiterten sie ihr Herrschaftsgebiet von Nordecuador bis in den Süden Mittelchiles – es umspannte damit Entfernungen von mehr als 3200 km. Es war nach Fläche und Bevölkerung das größte Reich, das es je in Amerika gegeben hat. Die Inka waren ihren Zeitgenossen in technologischer Hinsicht nicht besonders überlegen, aber sie waren großartige Organisatoren und Verwaltungsfachleute. Sie vereinigten die Loyalität aller von ihnen unterworfenen Völker auf sich, indem sie deren Führer zu Fürsten des Inkareiches machten. Sie erbauten strahlende Städte und überzogen Dschungel und Wüste mit einem Straßennetz, auf dem ständig Etappenläufer mit Informationen unterwegs waren, die für das Staatsgeschäft lebenswichtig waren. Sie stellten ein Heer auf, das, gemessen an der Organisationsleistung, die imponierendste Militärmaschine war, welche die westliche Hemisphäre vor dem Eintreffen der Spanier kannte.

Diese in Gold gegossene Figur eines Gottes wurde etwa im 13. Jahrhundert v. Chr. von einem Tairona-Indianer aus dem heutigen Kolumbien gefertigt. Mit dem Guß in verlorener Form dekorierte er den feingearbeiteten Kopfschmuck mit Flügeln, Vogelköpfen und zartem Filigran. Die Figur, ein Anhänger, ist nur 13,5 cm hoch.

Wäre eben vor der Ankunft Pizarros im Jahre 1532 nicht gerade ein verheerender, durch einen Streit über die Inka-Thronfolge verursachter Bürgerkrieg vorausgegangen, hätten die Inka ihn wohl wieder zurück ins Meer getrieben. Verrat, spanisches Schießpulver und Krankheiten bewirkten jedoch, daß die Zivilisation sowie auch der politische Einfluß der Inka in einer Spanne von nur 40 Jahren ausgelöscht wurde.

Kurz nachdem er den Inkaherrscher Atahualpa gefangengenommen hatte, forderte Pizarro als Lösegeld ein Zimmer voll Gold (trotzdem ließ er Atahualpa töten). Das restliche Gold verschwand so unablässig und beinahe so total wie vorher die Nation der Inka. Eine Zeitlang schafften es vier Nachfolger Atahualpas, einen Kern des Inkareiches am Leben zu halten, wobei sie häufig auf die beinahe unzugänglichen Gipfel der Anden fliehen mußten, um ihr Leben zu retten. Schließlich wurde 1572 der letzte Herrscher der Inka in die Hände der Spanier geliefert. Nachdem man ihn gezwungen hatte, der Folterung und Ermordung seiner Frau und aller seiner obersten militärischen Befehlshaber zuzusehen, wurde er selbst auf grausame Weise umgebracht.

Heute ist vom Inkareich nur noch wenig übriggeblieben. Die bescheidenen Dörfer sind verschwunden, und von den großartigen Städten ist nur noch das nackte und wundervolle Mauerwerk erhalten – so fest gebaut, daß es noch heute unmöglich ist, eine Messerklinge zwischen die sorgfältig zugehauenen Granitblöcke zu schieben. Doch einst waren viele dieser Steine mit Silber und Gold verkleidet, und die Zimmer und Gärten der Tempel und Paläste, die sie umschlossen, enthielten Wunder der Gold- und Silberschmiedekunst.

Mit Gold verkleidete Gebäude. Ein Mann, der diese Prachtentfaltung als kleiner Junge erblickte, schrieb seine Erinnerungen später nieder, damit die Welt es nicht vergessen sollte. Sein Name war Garcilaso de la Vega, und seine Mutter war eine Inkaprinzessin, die einen spanischen Hauptmann geheiratet hatte. Aus Stolz auf seine Ahnen hat Garcilaso den Bericht vielleicht etwas übertrieben, doch die meisten seiner Angaben werden durch Berichte des einen oder anderen Konquistatoren Pizarros bestätigt:

«Viele königliche Villen waren mit Silber, Blei- und Goldlegierungen verkleidet . . . Das wurde des großartigen Eindrucks wegen gemacht und ist der Hauptgrund für die völlige Zerstörung jener Gebäude. Denn da die Spanier diese Metalle an einigen von ihnen gefunden hatten, rissen sie auf der Suche nach Gold und Silber alle ab. An und für sich waren die Gebäude so sorgfältig errichtet und aus so gutem Stein erbaut, daß sie, hätte man sie stehen gelassen, viele Jahrhunderte überdauert hätten.

Mit Goldplatten kleideten sie die Sonnentempel und die königlichen Gemächer aus, und wo immer es beliebte, stellten sie in großer Zahl Figuren von Männern, Frauen, Land- und Wasservögeln, wilden Tieren, wie Tigern,

Bären, Löwen, Füchsen, Hunden, Mardern, Hirschen, Guanakos, Vicuñas und [sogar] Hausschafen auf. Alle an Aussehen und Größe nach der Natur in Gold und Silber gegossen. Sie stellten sie an den Wänden auf und in Zwischenräumen und Nischen, die sie für diesen Zweck beim Bau eingerichtet hatten. Sie bildeten Kräuter und Pflanzen nach, die an Mauern wachsen, und befestigten sie an den Wänden, daß es aussah, als wüchsen sie dort. Die Wände übersäten sie mit Eidechsen, Schmetterlingen, Ratten und großen und kleinen Schlangen, die an ihnen auf und ab zu huschen schienen.

Der Inka setzte sich gewöhnlich auf einen Thron aus massivem Gold, der Tiana heißt. Er war 30 cm hoch, ohne Arm- und Rückenlehnen, mit einem etwas durchgebogenen Sitz. Er stand auf einer großen quadratischen Platte aus Gold.

Das Geschirr für den gesamten Haushalt, für den Tisch, den Keller und die Küche, großes und kleines, alles war aus Gold und Silber. In jedem Haus oder Lager war es vorrätig, damit, wenn der König reiste, es nicht von einem Ort zum andern gebracht werden mußte, sondern daß jedes Haus des Inka an den königlichen Straßen und in den Provinzen alles Nötige hätte, für den Fall, daß der Inka auf einem Heereszug oder einer Inspektionsreise dorthinkäme. Auch gab es in diesen königlichen Häusern viele Speicher aus Gold und Silber, die die Indianer Pirua nennen; nicht etwa um Getreide aufzubewahren, sondern nur um der Großartigkeit und der Pompositát des Hauses und seines Herren willen ... In allen königlichen Villen gab es Parkanlagen und Gärten, in denen sich der Inka erholte. Man pflanzte in ihnen alle Arten schöner und prächtiger Bäume, Blumen und wohlriechender, lieblicher Pflanzen, die es im Königreich gab. Ihnen täuschend nachgebildet, fertigten sie aus Gold und Silber viele Bäume und kleine Sträucher naturgetreu mit Blättern, Blüten und Früchten; einige als Keimlinge, andere halbhoch und wieder andere ausgewachsen. Zusätzlich zu diesen und anderen großartigen Werken fertigten sie Maispflanzungen naturgetreu mit Blättern, Kolben, Stengeln, Wurzeln und Blüten: Dabei waren die Haare, die am Kolben hängen, aus Gold, alles andere aus Silber aneinandergelötet. Ebenso genau bildeten sie die übrigen Pflanzen nach, indem sie die Blüten oder einen anderen bewundernswerten Teil aus Gold, das übrige aus Silber fertigten.

Auch gab es [in den Gärten] die kleinen und großen Tiere, aus Gold und Silber gegossen und genau nachgebildet, die sie nicht als Haustiere hielten, wie Kaninchen, Ratten, Eidechsen, Schlangen, Schmetterlinge, Füchse, Wildkatzen. Es gab Vögel aller Art, manche auf Bäume gesetzt, als ob sie sängen, andere als ob sie flögen und den Honig aus den Blüten saugten. Es gab Hirsche, Damwild, Löwen, Tiger und alle anderen Tiere und Vögel, die auf der Erde leben, jedes auf seinem Platz, vollkommener als in der Natur.»

Verhängnisvolle Gewehre aus Eisen. Die Kunstfertigkeit der Metallschmiede, die diese Vögel und Blumen und Getreidefelder herstellten,

Aus dünn gehämmertem Goldblech stellten die Indianer Perus eine Vielfalt von Schmuck her, darunter Mundmasken (rechts), Ohrenscheiben und Totenmasken. Sie verzierten diese Gegenstände, indem sie komplizierte Muster einprägten, Halbedelsteine einlegten oder verschiedene Golddekorationen auflöteten. Die abgebildete Mundmaske stammt aus der Nazca-Kultur.

starb mit den Männern selbst. Heute arbeiten die Nachkommen gerade der Inka-Handwerker, die so exquisite Dinge aus Gold, Silber und Platin schufen, in den Zinn- und Kupferminen der Anden für eine neue Metallzeit, das industrielle Zeitalter. Wie so oft, war es eine Ironie der Geschichte, daß ihre Ahnen vermutlich einen triumphalen Einzug in dieses Zeitalter gehalten hätten, wenn nicht die wenigen Spanier die Indianer mit einem Metall verängstigt und schließlich vernichtet hätten, das diese nicht kannten. Auf dem Gebiet der Metallurgie waren die Inka den Spaniern ebenbürtig – bis auf die Tatsache, daß sie nicht die eisernen Gewehre der Spanier besaßen.

Diese Tabellen zeigen die Entwicklung des Lebens auf der Erde vom ersten Erscheinen in den Gewässern des neugebildeten Planeten bis zur Evolution des Menschen. Sie verfolgen seine körperlichen, gesellschaftlichen, technologischen und geistigen Fortschritte bis zum Anbruch unserer Zeitrechnung. Um diese Fortschritte in die allgemein gebräuchliche chronologische Reihenfolge zu bringen, enthält die Spalte, die sich links außen in jedem der vier Abschnitte der Tabelle befindet, jeweils die großen geologischen Zeitalter, in die die Geschichte der Erde eingeteilt ist. Die zweite Spalte verzeichnet die archäologischen Zeitalter der menschlichen Geschichte. Die wichtigsten Daten für die Entstehung des Lebens und die hervorragendsten Leistungen des Menschen erscheinen in der dritten Spalte. (Ereignisse, die in diesem Band der Reihe «Die Frühzeit des Menschen» behandelt werden, sind fett gedruckt.) Die Tabellen sind nicht maßstabsgetreu.

Geologie	Archäologie	Milliarden Jahre zurück	
Präkambrium Frühestes Erdzeitalter		4,5	Entstehung der Erde
		4	Bildung des Urmeers
			Erste Spuren von Leben, einzellige Algen und Bakterien, erscheinen im Wasser
		3	
		2	
		1	
		Millionen Jahre zurück	
			Erste sauerstoffatmende tierische Lebewesen erscheinen
		800	
			Primitive Organismen entwickeln voneinander abhängige spezialisierte Zellen
		600	Panzertragende mehrzellige wirbellose Tiere erscheinen
Paläozoikum Erdaltzeit			Evolution der Panzerfische, der ersten Tiere mit Wirbelsäule
		400	Kleine Amphibien wagen sich aufs Land
			Reptilien und Insekten entstehen
			Thecodontier, Vorfahren der Dinosaurier, erscheinen
Mesozoikum Erdmittelalter		200	Das Zeitalter der Dinosaurier beginnt
			Vögel erscheinen
			Säugetiere leben im Schatten der Dinosaurier
			Das Zeitalter der Dinosaurier geht zu Ende
		80	
			Prosimier, die frühesten Primaten, entwickeln sich auf Bäumen
Känozoikum Erdneuzeit		60	
		40	Affen und Menschenaffen erscheinen
		20	
		10	Ramapithecus, der älteste bekannte Primat mit menschenähnlichen Zügen, entwickelt sich in Indien und Afrika
		8	
		6	
		4	Australopithecus, der unmittelbarste Primatenvorfahr des Menschen, erscheint in Afrika

Geologie	Archäologie	Millionen Jahre zurück	
Unteres Pleistozän Älteste Periode der Neuzeit	**Unteres Paläolithikum** Älteste Periode der Altsteinzeit	2	Das älteste bekannte Werkzeug wird in Afrika von Menschen hergestellt
			Der erste echte Mensch, Homo erectus, erscheint in Ostindien und Afrika
		1	Homo erectus bevölkert die gemäßigten Zonen
		Jahrtausende zurück	
Mittleres Pleistozän Mittlere Periode der Neuzeit		800	Der Mensch lernt den Gebrauch des Feuers
		600	
			Große organisierte Elefantenjagden finden in Europa statt
		400	Der Mensch beginnt, künstliche Heimstätten aus Zweigen und Fellen zu bauen
		200	
Oberes Pleistozän Jüngste Periode der Neuzeit	**Mittleres Paläolithikum** Mittlere Periode der Altsteinzeit		Der Neandertaler erscheint in Europa
		80	
Letzte Eiszeit		60	Rituelle Begräbnisse in Europa und Vorderasien deuten auf den Glauben an ein Leben nach dem Tode hin
			Neandertaler jagen in Nordeuropa Wollmammute
		40	Der Höhlenbär wird Mittelpunkt kultischer Verehrung in Europa
	Oberes Paläolithikum Jüngste Periode der Altsteinzeit		Der Cro-Magnon-Mensch erscheint in Europa
			Asiatische Jäger überqueren die Beringstraße und bevölkern Amerika
			Die älteste bekannte schriftliche Aufzeichnung, ein Mondkalender auf Knochen, wird in Europa hergestellt
			Der Mensch erreicht Australien
			Erste Künstler bemalen Höhlenwände und -decken in Frankreich und Spanien
		30	Figurinen werden geschnitzt und bei der Naturverehrung verwendet
		20	Die Erfindung der Nadel ermöglicht das Nähen
Holozän Jetztzeit			Auf den Great Plains in Nordamerika beginnt die Bisonjagd
	Mesolithikum Mittelsteinzeit	10	
			Erfindung von Pfeil und Bogen in Europa
			Die ersten Töpferwaren entstehen in Japan

Geologie	Archäologie	Jahre v. Chr.	
Holozän *(Fortsetzung)*	**Neolithikum** Jungsteinzeit	9000	
			Im Vorderen Orient werden Schafe domestiziert
			In Nordamerika wird der Hund domestiziert
		8000	Die erste Stadt – Jericho – wird gebaut
			In Persien werden Ziegen domestiziert
			Der Mensch baut das erste Getreide, Weizen und Gerste, im Vorderen Orient an
		7000	**Im Vorderen Orient entwickeln sich dörfliche Lebensformen**
			Çatal Hüyük in der heutigen Türkei entwickelt sich zur größten Stadt des Neolithikums
			Im Vorderen Orient wird der Webstuhl erfunden
			Rinder werden im Vorderen Orient domestiziert
		6000	**Der Ackerbau verdrängt in Europa langsam die Jagd**
			Im Gebiet des Mittelmeeres wird mit Kupfer gehandelt
			In Mexiko wird Mais angebaut
	Kupferzeit	4800	In der Bretagne entsteht das älteste bekannte Steinmonument
		4000	Segelboote werden in Ägypten benutzt
			Erste Stadtstaaten entwickeln sich in Sumer
			Im Vorderen Orient beginnt man, Rollsiegel als Erkennungsmarken zu benutzen
		3500	**Die ersten Kartoffeln werden in Südamerika angebaut**
			Das Rad wird in Sumer erfunden
			Im Fernen Osten wird der erste Reis angebaut
			In China wird die Seidenraupe domestiziert
			Pferde werden in Südrußland domestiziert
			Ägyptische Handelsschiffe befahren erstmals das Mittelmeer
			Im Vorderen Orient wird die Bilderschrift erfunden
	Bronzezeit	3000	Im Vorderen Orient entstehen die ersten Bronzewerkzeuge
			Das Stadtleben dringt ins Niltal vor
			Der Pflug wird im Vorderen Orient entwickelt
			Ein genauer, auf astronomischen Beobachtungen basierender Kalender wird in Ägypten aufgestellt
		2800	In England wird mit dem Bau von Stonehenge, dem berühmtesten alten Steinmonument, begonnen
			In Ägypten werden Pyramiden gebaut

Geologie	Archäologie	Jahre v. Chr.	
Holozän *(Fortsetzung)*	**Bronzezeit** *(Fortsetzung)*	**2600**	Eine Vielzahl von Göttern und Helden wird im Gilgamesch-Epos und anderen Epen des Vorderen Orient verherrlicht
		2500	Im Industal entstehen Städte
			Erste nachweisbare Verwendung von Skiern in Skandinavien
			Die erste schriftliche Gesetzessammlung wird in Sumer verfaßt
			Minoische Palastgesellschaften entstehen auf Kreta
		2000	Die Verwendung von Bronze in Europa
			Im Tal des Indus werden Huhn und Elefant domestiziert
			Die Eskimokultur beginnt im Gebiet der Beringstraße
		1500	Die Erfindung seetüchtiger Auslegerkanus befähigt den Menschen, Inseln in der Südsee zu erreichen
			In China werden sakrale Bronzeskulpturen geschaffen
			Die Hethiter gründen ein Imperium, dem entfernte Provinzen unterstehen
		1400	Im Vorderen Orient wird Eisen verwendet
			Die erste vollständige Alphabetschrift wird von den Bewohnern der Stadt Ugarit in Syrien ersonnen
			Hebräer führen den Begriff des Monotheismus ein
		1000	**In Eurasien wird das Ren domestiziert**
	Eisenzeit		Phönizier verbreiten das Alphabet
		900	
		800	Verwendung von Eisen beginnt sich in ganz Europa zu verbreiten.
			Das erste Landstraßensystem wird in Assyrien angelegt
			Homer dichtet die *Ilias* und die *Odyssee*
			Berittene Nomaden erscheinen im Vorderen Orient als neue Macht
		700	Gründung Roms
			Erfindung der Schubkarre in China
		200	*Mahabharata* und *Ramajana*, Niederschrift der indischen Götter- und Heldenepen
			Erfindung des Schöpfrades im Vorderen Orient
		0	Das christliche Zeitalter beginnt

Literaturhinweise

Allgemein

Clark, G.: Frühgeschichte der Menschheit. Sonderausgabe. W. Kohlhammer Verlag, Stuttgart 1976

Franke, H. v., H. Hoffmann und H. Jedin (Hg.): Saeculum Weltgeschichte. Bd. 1. Ursprung und Frühkulturen / Primäre Zentren der Hochkultur / Weltgeschichtliche Berührungszonen. Herder Verlag, Freiburg 1965

Gutbrod, K.: DuMonts Geschichte der frühen Kulturen der Welt. (DuMont Dokumente). Verlag M. DuMont Schauberg, Köln 1975

Müller-Karpe, H.: Handbuch der Vorgeschichte. Bd. III. Kupferzeit. Bd. IV. Bronzezeit. Bd. V. Früheisenzeit. C. H. Beck'sche Verlagsbuchhandlung, München 1974

Sames, C.-W.: Die Zukunft der Metalle. (st, 157). Suhrkamp-Verlag, Frankfurt/M. 1974

Schenzinger, K. A.: Metall. (Heyne-B., 5094). Heyne Verlag, München 1974

Alte Welt

Bullock, A.: Kultur, die Wiege stand im Orient. Im Spannungsfeld der Stromkulturen zwischen Nil und Indus entstanden die ersten zivilisierten Kulturen. (Humboldt-TB, 152). Humboldt Taschenbuch Verlag, München 1971

Durant, W.: Der alte Orient und Indien. Die Entstehung der Kultur Sumer, Ägypten, Babylonien, Assyrien, Judäa, Indien. Bd. 1. Kulturgeschichte der Menschheit. Südwest Verlag, München

Hausmann, U. (Hg.): Jüngere Steinzeit und Bronzezeit in Europa. Handbuch der Archäologie. C. H. Beck'sche Verlagsbuchhandlung, München o. J.

Hentze, C.: Funde in Altchina. (Sternstunden der Archäologie, 6). Musterschmidt-Verlag, Göttingen 1967

Huot, J.-L.: Persien I. Von seinen Ursprüngen bis zu den Achämeniden. Archaelogia mundi. Nagel Verlag, München 1965

Margueron, J.-C.: Mesopotamien. Archaelogia mundi. Nagel Verlag, München 1965

Perrot, J., und M. Avi-Yonah: Syrien / Palästina. I. und II. Archaelogia mundi. Nagel Verlag, München 1976

Piggott, S.: Vorgeschichte Europas. Vom Nomadentum zur Hochkultur. Kindlers Kulturgeschichte des Abendlandes. Bd. 1. Kindler Verlag, München 1974

Neue Welt

Coe, M. D.: Die Maya. Aufstieg, Glanz und Untergang einer indianischen Kultur. Lübbe Verlag, Bergisch-Gladbach 1975

Disselhoff, H. D.: Geschichte der Altamerikanischen Kulturen. Oldenbourg Verlag, München 1967

Disselhoff, H. D.: Das Imperium der Inka. Und die indianischen Frühkulturen der Andenländer. Safari Verlag, Berlin 1974

Disselhoff, H. D.: Oasenstädte und Zaubersteine im Land der Inka. Archäologische Forschungsreise in Peru. Safari Verlag, Berlin 1968

Hagen, V. W. v.: Sonnenkönigreiche. Azteken, Inka, Maya. (Knaur TB, 125). Droemersche Verlagsanstalt Th. Knaur Nachf., München 1966

Hoyle, R. L.: Peru. Archaelogia mundi. Nagel Verlag, München 1966

Krickeberg, W.: Altmexikanische Kulturen. Safari Verlag, Berlin 1975

Paul-David, M.: China. Archaelogia mundi. Nagel Verlag, München

Soustelle, J.: Mexico. Archaelogia mundi. Nagel Verlag, München 1967

Riese, B.: Geschichte der Maya. (Urban-Bücher, 148). W. Kohlhammer Verlag, Stuttgart 1972

Personennamenregister

Sachwortregister

Danksagungen

Die Herausgeber dieses Buches sind folgenden Personen und Institutionen zu besonderem Dank verpflichtet: C. C. Lamberg-Karlovsky, Professor, Peabody Museum of Archaeology and Ethnology, Harvard University, Cambridge, Massachusetts. Ferner danken die Herausgeber Sim Adler, Philip Clapp, Charles Latham-Brown und Clive Scorey von den Ledgemont Laboratories, Research Division, Kennecott Copper Corporation, Lexington, Massachusetts; Pierre Amiet, Erster Kurator, Annie Caubet, Kurator, Françoise Tallon, wissenschaftliche Mitarbeiterin, und Geneviéve Teissier, Abteilung für Orientalische Kunst, Louvre, Paris; Arthur Bankoff, Instructor, Anthropolgy Department, Brooklyn College, New York City; Joseph B. Caldwell, Professor of Anthropology, University of Georgia, Athens; Thomas Chase, Head Conservator, und Thomas Lawton, Assistant Director, Freer Gallery of Art, und Paul Desautels, Curator, Division of Mineralogy, Department of Mineral Sciences, Smithsonian Institution, Washington, D. C.; Mrs. Kenneth Colt, Keeper of Photographs, Museum of Art, Rhode Island School of Design, Providence; Hernan Crespo Toral, Direktor, Archäologisches Museum der Bank von Ekuador, Quito; dem Department of Prehistoric and Romano-British Antiquities, und T. C. Mitchell, Assistant Keeper, Department of Western Asiatic Antiquities, British Museum, London; dem Generaldirektor der Behörde für Altertümer, Syrien; dem Generaldirektor der Behörde für Altertümer, Irak; Caroline Dosker, Assistant Registrar, The University Museum, und Robert H. Dyson jr., Curator, Near East Section and Professor of Anthropology, The University Museum, University of Pennsylvania, Philadelphia; Robert W. Ebendorf, Associate Professor, und Kurt J. Matzdorf, Professor, Department of Studio Art, State University College, New Paltz, New York; Richard A. Fazzini, Assistant Curator of Egyptian and Classical Art, Brooklyn Museum, New York City; Cristiana Govi-Morigi, Direktorin, Museo Civico, Bologna, Italien; Ali Hakemi, Direktor, Wüstenausgrabungen von Lut, Iran; Anthony Harding, Department of Archaeology, University of Durham, England; Hugh Hencken, Honorary Curator of European Archaelogy, Peabody Museum of Archaeology and Ethnology, and Jeremy A. Sabloff, Assistant Professor of Anthropology, Harvard University, Cambridge, Massachusetts; Kent S. K. Ho, Konservator, Ch'uhsun Kao und Chang-ju Shih, Forschungsassistenten, Institut für Geschichte und Philologie, Academia Sinica, Nankang, Taiwan; Virginia Kane, Assistant Professor, Department of History of Art, University of Michigan, Ann Arbor; Isabel Larco de Alvarez Calderón, Generaldirektorin, Museo Arqueológico Rafael Larco Herrera, Lima, Peru; Heather Lechtman, Assistant Professor of Archaeology and Ancient Technology, Departments of Humanities and of Metallurgy and Material Science, The Massachusetts Institute of Technology, Cambridge; Herbert Melichar, Professor, Naturhistorisches Museum, Wien; Miguel Mujica Gallo, Generaldirektor, Museum des Goldes, Lima; Oscar White Muscarella, Associate Curator, Department of Ancient Near Eastern Art, Metropolitan Museum of Art, New York City; Nationalmuseum Ljubljana, Jugoslawien; Ezzatul Ah Negahban, Professor für Archäologie, Universität Teheran, Iran; New York Public Library, New York City; A. J. N. W. Prag, Keeper, Department of Archaeology, Manchester Museum, Manchester,

England; Fawzi Rashid, Direktor, Iraker Museum, Bagdad; Cornelia Roethel, New York City; Beno Rothenberg, Professor der Archäologie, Universität Tel Aviv, Tel Aviv, Israel; Issa Salman, Generaldirektor für Altertümer, Bagdad, Irak; Abdul Hussown Shahidzadeh, Direktor, Iran Bastan Museum, Teheran; Ralph Solecki, Professor of Anthropology, Columbia University, New York City; Robert Sonin, New York City; Robert J. Spring, Executive Vice President, Modern Art Foundry, Inc., New York City; R. F. Tylecote, Senior Lecturer, Department of Metallurgy, University of Newcastle upon Tyne, England; Theodore A. Wertime, Deputy Assistant Director, United States Information Agency, Washington, D. C.

Bildquellennachweis

(Die Seitenzahlen stehen vor den Namen derer, die Fotos, Zeichnungen oder Graphiken für diesen Band zur Verfügung gestellt haben.)

Umschlagvorderseite: Steiermärkisches Landesmuseum Johanneum, Foto Furböck. 7: Lee Boltin mit freundlicher Genehmigung der Smithsonian Institution. 8: Erich Lessing mit freundlicher Genehmigung des Naturhistorischen Museums, Wien. 10/11: Kein Quellennachweis. 14–19: Lee Boltin mit freundlicher Genehmigung der Smithsonian Institution. 22: Robert Geissman. 25: Mit freundlicher Genehmigung von Dr. Joseph R. Caldwell, University of Georgia, Athens, außer oben links: Professor Ralph Solecki, Columbia University. 26/27: Metallarbeit und Mikrofoto von Sim Adler, Charles Latham-Brown, Clive Scorey und Philip Clapp von der Physics and Metallurgy Group, Ledgemont Laboratory, Kennecott Copper Corporation, Lexington, Massachusetts. 28 links: Aldo Durazzi mit freundlicher Genehmigung des Irakischen Museums, Bagdad. 28 rechts: Mit freundlicher Genehmigung der Trustees of the British Museum. 30-35: Metallarbeit und Mikrofoto von Sim Adler, Charles Latham-Brown, Clive Scorey und Philip Clapp von der Physics and Metallurgy Group, Ledgemont Laboratory, Kennecott Copper Corporation, Lexington, Massachusetts. 38, 39: Dr. Beno Rothenberg, außer oben rechts: Dave Morgan. 42, 47: Emmett Bright mit freundlicher Genehmigung des Museums für Volkskunst, Ljubljana. 46 oben: Museum of Art, Rhode Island School of Design (Detail). 46 unten: Emmett Bright mit freundlicher Genehmigung des Museo Civico, Bologna. 50 links: Micha Bar-Am von Magnum. 50/51: Israelische Behörde für Altertümer und Museen, Jerusalem. 51 oben: Werner Braun für Israel Exploration Society. 52, 53: Giraudon. 54: Bedrich Forman. 55: Erich Lessing mit freundlicher Genehmigung des Naturhistorischen Museums, Wien. 57 oben: Bedrich Forman. 57 unten: Erich Lessing mit freundlicher Genehmigung des Naturhistorischen Museums, Wien. 58/59: Bedrich Forman aus Prehistoric Art, Spring Books, London. 64: Erich Lessing mit freundlicher Genehmigung des Naturhistorischen Museums, Wien. 65 oben: Ken Kay mit freundlicher Genehmigung von Professor Kurt J. Matzdorf, Department of Studio Art, State University College, New Paltz, New York. 65 unten: Mit freundlicher Genehmigung des University Museum, University of Pennsylvania. 66, 67, 68 unten: Ken Kay mit freundlicher Genehmigung von Professor Kurt J. Matzdorf, Department of Studio Art, State University College, New Paltz, New York. 68 oben: Dr. Ezzatullah Negahban. 69–75: Ken Kay mit freundlicher Genehmigung von Professor Kurt J. Matzdorf, Department of Studio Art, State University College, New Paltz, New York, außer 72 oben: Archäologisches Museum, Ankara. 76 links: Foto von F. L. Kenett, Copyright George Rainbird Ltd., 1963. 76 rechts und 77: Ken Kay mit freundlicher Genehmigung von Cornelia Roethel. 78: Mit freundlicher Genehmigung der Trustees of the British Museum. 80/81: Lee Boltin mit freundlicher Genehmigung der Smithsonian

Institution. 85–87: Erich Lessing mit freundlicher Genehmigung des Niederösterreichischen Landesmuseums, Museum für Urgeschichte, Asparn an der Zaya. 91: Zeichnungen von George V. Kelvin. 93, 94: Aus De Re Metallica von Georgius Agricola. 97 oben: Aleppo Museum, Waseem Tchorbachi. 97 unten: Mit freundlicher Genehmigung der Trustees of the British Museum. 98: Erich Lessing mit freundlicher Genehmigung des Naturhistorischen Museums, Wien. 100: Paulus Leeser mit freundlicher Genehmigung des Instituts für Geschichte und Philologie, Academia Sinica, Taiwan. 102 links: Mit freundlicher Genehmigung der Smithsonian Institution, Freer Gallery of Art, Washington, D. C. 102 rechts: Mit freundlicher Genehmigung des Fogg Art Museum, Harvard University, Legat Grenville L. Winthrop. 103: James Burke, TIME-LIFE Picture Agency, © 1972, Time Incorporated mit freundlicher Genehmigung des Instituts für Geschichte und Philologie, Academia Sinica, Taiwan. 106, 107: Mit freundlicher Genehmigung der Smithsonian Institution, Freer Gallery of Art, Washington, D. C. 110, 111: George V. Kelvin. 114/115: Center of Asian Art and Culture, The Avery Brundage Collection, San Francisco. 118/119: Mit freundlicher Genehmigung der Smithsonian Institution, Freer Gallery of Art, Washington, D. C. 122: Mit freundlicher Genehmigung des Museum of the American-Indian, Heye Foundation. 126, 127: Peabody Museum of Archaeology and Ethnology, Harvard University. 128 oben: Lisa Littele mit freundlicher Genehmigung des Museum of Primitive Art. 128 unten: Mit freundlicher Genehmigung von The American Museum of Natural History. 129: Kein Quellennachweis. 132–136: Kein Quellennachweis. 137 oben: Lee Boltin mit freundlicher Genehmigung des Nationalmuseums für Anthropologie und Archäologie, Lima, Peru. 137 unten: Mit freundlicher Genehmigung des Virginia Museum. 140/141: The Metropolitan Museum of Art, Geschenk der H. L. Bache Foundation. 144/145: Lee Boltin mit freundlicher Genehmigung des Nationalmuseums für Anthropologie und Archäologie, Lima, Peru.